だれでもできる

有機のイネつくり

（公財）自然農法国際研究開発センター 監修

三木孝昭 著

秋処理・育苗・栽植密度で

〝雑草の生えない田んぼ〟

農文協

上は秋にイナワラをすき込んで分解を進め、田植え時期を慣行栽培よりやや遅くした田んぼ。
下は春にイナワラをすき込み、慣行栽培と同じ時期に田植えを行なった田んぼ
（長野県松本市の灰色低地土の圃場試験より）

秋耕耘と排水確保で雑草抑制

異常還元のないイネが喜ぶ田んぼづくりは、秋処理から始まる。上2点はともにイネ刈りまでの排水が十分で、トラクターが沈み込んでいない理想的な状況での秋耕耘。下は排水が不十分な状態でコンバイン収穫した田んぼ。田面の凸凹で滞水しており、イナワラの分解不良やその後の作業の遅れにつながる

◆ 土壌水分とイナワラの分解

代かき時の土壌

イナワラの分解状況

ともに左が畑水分の土壌で、右が飽和水分の土壌。畑水分の代かき時の土壌は酸化鉄が付着して赤く、イナワラは分解が進んで黒いのに対し、飽和水分の土壌は還元鉄の影響を受けて青みがかり、イナワラも黄色いまま

◆ 土壌水分と雑草の発生

畑水分では休眠や枯死のためコナギの発芽は少ないが、飽和水分だと80%以上発芽した

畑水分　　飽和水分

地下水位が高い田んぼや粘土質土壌の田んぼ、日本海側など冬の降水量が多い地域では、排水対策が不可欠（左上：額縁の明渠、右上：田面の明渠、左下：よけ掘り）

よい苗の育成で雑草に負けない

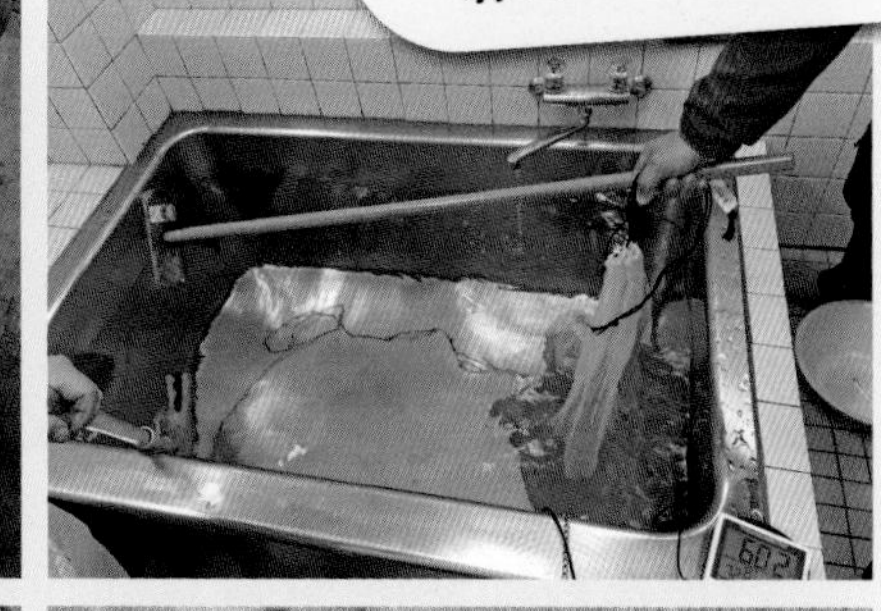

雑草との陣取り合戦に勝つには、よい苗で初期生育を確保することが大前提。左上：塩水選。右上：温湯消毒。温湯消毒は塩水選の１時間以内に行ない、1℃の誤差にも留意が必要。左下：プール育苗。右下：田植え直前の苗。不完全葉を除いて3.5葉以上の大苗（中苗または成苗）に仕上げる

2回代かき（深水浅代かき）で雑草抑制

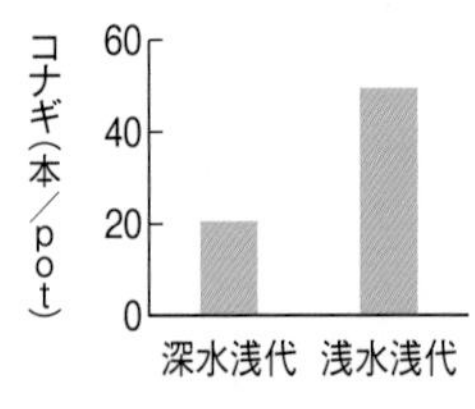

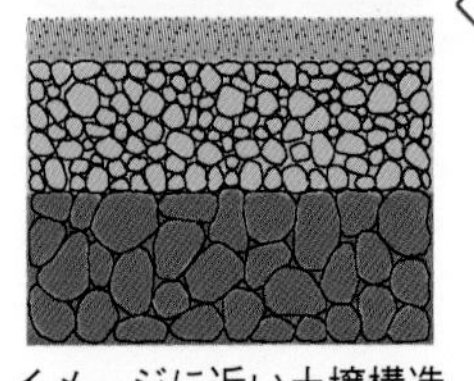

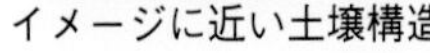

イメージに近い土壌構造

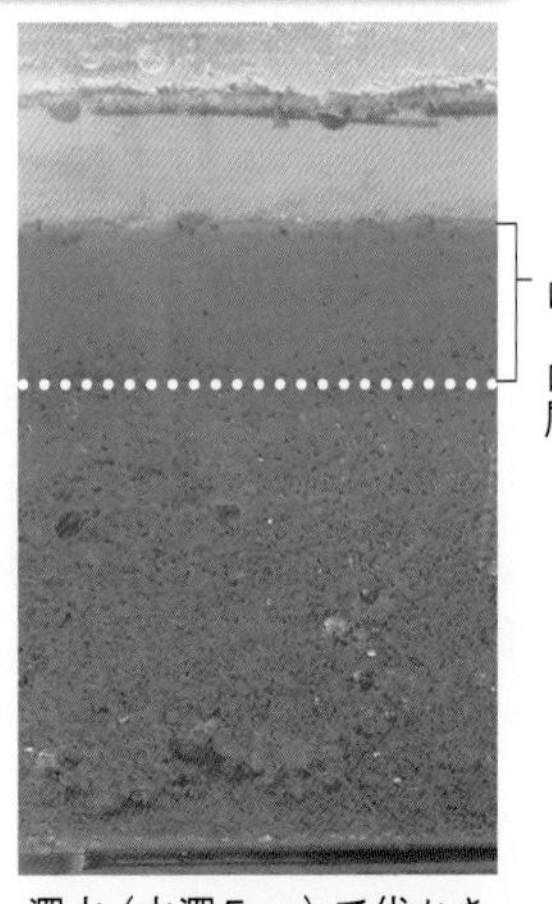

深水（水深5cm）で代かき

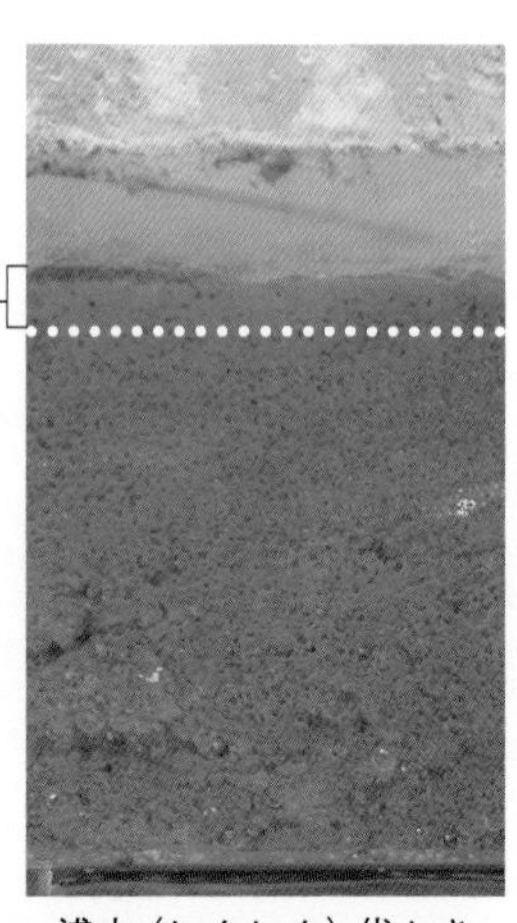

浅水（ヒタヒタ）代かき

荒代かきのあとに、深水浅代かきを行なう。水深は5～7cmと深めにし、田面から5cm程度と浅く代かきすることで、土中に残る雑草の種は浮かせず、分厚いトロトロ層（微粒子層）を作る

無落水田植えで雑草抑制

田面を出さずに無落水で田植えを行なう方法。それによって田面の土を軟らかく保ち、植え付け穴がトロ土で早く塞がれて、有機物を田面施用してもイネへの影響を少なくすることができる

適正な栽植密度で雑草抑制

春耕耘後に坪当たり70株で植えた田んぼ（左）と50株で植えた田んぼ（右）。50株では雑草が勢いづいている。寒冷地では栽植密度を上げて茎数を確保して雑草を抑え込むことも重要

まえがき

皆様は、有機のイネつくり（以下、有機イナ作）に対してどんなイメージや実感を持っているだろうか？　うまく安定的に経営できている人がいるいっぽうで、大変だとか、難しいという声を聞くことも少なくない。多くの現場を回ってきた筆者の実感でも、さまざまな技術や方法を実践しても栽培が安定しないという方を多く見かける。

有機イナ作では、とりわけ雑草問題の解決が最大の課題であり、それを克服するために、さまざまな方法が考案されてきた。筆者が所属する（公財）自然農法国際研究開発センター（以下、自然農法センター）でも、有機イナ作での雑草問題の解決に向けて事例の収集や研究に取り組んできており、筆者も２００３年から有機イナ作の研究に従事している。

調査をするなかで、ある雑草抑制技術を持ってしても、効果の出ている田んぼとそうでない田んぼがあり、有機農業技術の不安定性を目のあたりにしてきた。そしてその理由を考えていくなかで行き着いたのは、有機イナ作を安定化させるためには、方法や技術ありきではなく、イネが元気に育つ「状態」に向けて必要な方法や技術を組み立てることの重要性であった。つまり、耕耘をする時期や回数、深さ（不耕起という選択も）や、施肥の時期、回数、量（無施肥という選択も）、種まき、代かき（無代かきという選択も）、田植え、水管理（浅水・深水・間断灌水・落水）など、それぞれの技術や方法を使うにあたっては、理想とする田んぼをイメージして使っていくことが重要だということである。

本書でめざすのは、イネが雑草との陣取り合戦に勝って、イネが優位に立つ状態の田んぼをつくることである。そのためには、秋処理（耕耘と排水）に始まるイネが喜ぶ田んぼづくり、よい苗づくり、適切な時期と栽植密度で植えることが柱になる。そのために何が必要なのかを、だれもが実践できる形で示していきたい。

日本列島は南北に長く、北から南まで、地方によって天候は大きく異なる。土壌のタイプもさまざまで、田んぼの立地（日当たりや法面の大きさなど）や水利環境、土壌の物理性や化学性なども異なる。言わば、田んぼごとに条件が違う。そのような条件でも有機イナ作を成功させるためには、それに合った方法や技術を選び、組み合わせ、使いこなす「技能」が求められてくる。

田んぼに各々と書いて「略」という漢字がある。田んぼの各々を知り、雑草や虫や微生物と戦う必要がない「戦略」を持つことができれば百戦危うからず、「だれでもできる有機のイネつくり」の世界に近づくだろう。耕起、不耕起、施肥、無施肥、深水などの方法論に加えて、めざす状態に合わせた方法（各実践者の環境条件や考え方、保有装備）を選び、判断できるような本が、世の中に求められていると感じている。本書が、その解説本になることを願ってやまない。

農家の皆様は、経営と栽培とのはざまで多大な努力をしながら消費者に農産物を届けている。それは持続可能で永続的な状態で続けられる必要がある。いっぽう、筆者を含め研究に携わる者は、「技術化」「安定化」のポイントや「失敗例」を探し出し、農家の視点に立ってアウトプットする。その役割を筆者なりに考え続けてきた。

本書が、少しでも皆様の実践の参考になれば幸甚である。

２０２３年10月

三木 孝昭

まえがき 1

序章　雑草が生えない田んぼ

1 「雑草が生えない田んぼ」は、イネが理想的に育つ田んぼ……10
(1) 「肥沃な田んぼ」では雑草が少ない 10
(2) 雑草との陣取り合戦に勝つ 10
2 抑草対策はイネ刈り後の秋処理から始まる……12
(1) 異常還元でイネが弱り、雑草が元気づく 12
(2) イナワラ分解のための温度と水分 14
① 田植えまでに半分の分解をめざす 14
② 理想は畑の土壌水分 15
(3) 表層がトロトロ、下層はボソボソの土が理想 16
(4) 抑草の成否は田植えまでに8割が決まる！ 18
3 気候、土壌、地力に応じた技術の組み立て……20
(1) 目標から逆算した技術の選択 20
(2) 「大苗・疎植・深水」がすべてではない 23
(3) 地域に適正な栽植密度 23
4 理想とするイネの生育イメージ……24
(1) 自然農法・有機農法の理想形 24
(2) 「秋まさり」の生育 26
(3) 各段階で目標とする生育相 28
① 生育前期（田植え〜最高分げつ期） 28
② 生育中期（最高分げつ期〜出穂期） 29
③ 生育後期（出穂期〜収穫期） 29

第1章　有機イナ作技術のポイント

1　イナワラ分解の重要性と秋処理……32
(1) イナワラが分解すると雑草がおとなしくなる　32
(2) イナワラはイネの地力チッソ源　32
(3) 田植えまでに5割の分解をめざす　33
① 積算温度は1500℃日以上　33
② 水分は畑の土壌をめざす　34
③ 秋処理の留意点　36

2　有機物施用とその効果……36
(1) 肥効のイメージと有機物施用のポイント　36
(2) 元肥は秋と春で効果とリスクが違う　37
(3) 追肥の考え方　40
① 田植え後の田面施用　40
② 穂肥　42
(4)「肥沃な土」と「肥料の多い土」　42

3　よい苗を育てる……43
(1) 育苗のねらい　43
(2) よい苗を育てるポイント　43
① よい種子を選ぶ　43
② よい育苗培土を使う　44
③ 遅めの播種で苗の充実度を上げる　45
④ 育苗のための水分・温度・養分管理　45

4　田植え時期と適正な栽植密度……46
(1) 田植え時期の決め方　46
① 移植苗と地力チッソの関係　46
② 刈り取り時期や産米品質の観点から　48
(2) 適正な栽植密度で植える　48
① 肥沃地や温暖地　50
② やせ地や寒冷地　50

5　田植え後の管理……51
(1) 水管理のねらいとポイント　51
① イネにとっての水とは？　51
② 水管理とは生育調整技術　51
(2) 除草管理　52
(3) あぜ管理　54
(4) 溝切りなどの排水対策　54

第2章　栽培暦を組み立てる

1　地域の気候と土質を知る……56
(1) 地域の気候とイナ作　56
(2) 気象データの収集と分析　56
(3) 積算温度の考え方と算出法　58
①積算温度　58
②有効積算温度　58
(4) 圃場のある地域の土壌分類を把握する　58
①灰色低地土　59　②グライ低地土　60
③黒ボク土　61　④褐色低地土　61
⑤有機質土（泥炭土）　61
2　田んぼの状態を知る……61
(1) 理想的な土のイメージ　61
(2) 土壌物理性　61
①非栽培期間の排水性　62
②栽培期間の排水性　62
(3) 化学性の診断　63
①一般分析　63
②土壌成分（地力チッソ、鉄、ケイ酸）の分析　64
(4) 雑草を手掛かりにした診断　64
①ノビエ　65　②イヌホタルイ　66
③コナギ　66　④オモダカ　66
⑤クログワイ　66
3　栽培暦組み立てのポイント……67
(1) 基準は出穂期　67
①仮の田植え時期と出穂期を設定　67
②出穂期と収穫期を確定　67
③非栽培期間の積算温度と排水・降水量を考慮　68
④田植え後の除草期間などを把握　68
⑤幼穂形成期から中干し時期などを決める　69
(2) 気候に合わせた組み立て　69
①温暖地の場合　69
②寒冷地の場合　69

第3章　秋処理、田植え、栽培管理の実際

1　秋処理の実際……74
(1) 排水対策と地耐力の確保　74

(2) 非栽培期間の積算温度をチェック　77
(3) 土壌水分のチェック　77
(4) 耕耘の深さ　78
(5) 秋処理ができない場合はどうするか？　79
(6) 田んぼの状態に応じた作業判断　80

2 有機物の施用……81
(1) 有機質肥料の考え方　81
(2) 元肥の施用　82
① 基本型（秋の元肥）　82
② 応用型（春の入水前の元肥）　83
③ すき込みの深さ　83
(3) 田植え後の追肥　84
① 施用量　84
② 散布法のいろいろ　84
(4) 穂肥　84
(5) 緑肥利用の留意点　85

3 育苗の実際……85
(1) プール育苗がおすすめ　85
(2) プールの造成　86
(3) 育苗培土の準備　86
① 長期熟成型の場合　89
② 液肥利用型の場合　90
(4) 種もみの準備　91
① 育苗の箱枚数　91
② 種もみの準備　92
③ 種子消毒　93
④ 浸種・催芽　94
⑤ 播種　95
(5) 育苗管理　96
① 育苗時の温度　96
② 育苗時の水管理　97

4 代かきの実際……98
(1) 表層は細かく、適度な透水性に　99
(2) 圃場均平の方法　100
(3) 荒代かきの方法　101
(4) 植代かきの方法　102
① 荒代かき直後に行なう場合　102
② 2回代かきの場合　102

5 田植え時の留意点……104
(1) 田植えまでの管理　104
(2) 田植えは無落水で　104

6 田植え後の管理の実際……105
(1) 水管理 105
① 活着期 106 ② 生育初期 106
③ 生育中期 107 ④ 生育後期 108
(2) 除草管理 109
① 除草機のコース取り 109
② 撹拌力と除草間隔 109
(3) あぜ管理 110
(4) 溝切りなどの排水対策 111
7 栽培後の検証……111
(1) イネの収量構成要素 111
(2) 収量構成要素ごとの原因と対処法 112
(3) 簡易な収量構成要素の調べ方 112
① 栽植密度 112 ② 1株穂数 112
③ 1穂もみ数 113 ④ 登熟歩合 113
⑤ 一粒重 113
(4) その他のチェック項目 113
① 異常還元を予測する診断キットの利用 113
② 硫化水素の発生を見る 114
【コラム】有機質肥料の作り方とその例 115

第4章 慣行栽培からの切り替えと新規に始めるポイント

1 慣行栽培から切り替える場合……120
(1) 最初は小面積から 120
(2) 秋処理からのスタートが理想 120
(3) 「3年目の壁」をどう乗り越えるか 121
2 新規で田んぼを借りる場合 122
3 畑や休耕地から復田する場合 124
事例1 宅配向けの有機米と野菜などの複合経営（山梨県北杜市・村瀬麻里子さん、高井文子さん） 125
事例2 野菜栽培や他業種と組み合わせた有機イナ作（長野市・竹内孝功さん） 128
事例3 加工も取り入れた大規模有機水稲経営（宮城県美里町・安部陽一さん） 131
事例4 中山間地の法人組織で良食味米を有機・減農薬栽培（愛媛県西予市・中野聡さん） 135
事例5 学校給食向けの有機米の生産（長野県松川町・久保田純治郎さん） 139
【コラム】田畑輪換を行なう際の留意点 142

第5章　品質の安定・向上と病害虫対策

1　品質を安定・向上させるには？……146
(1) 食味の向上　146
(2) 被害粒の低減　147
2　病虫害に強くするには？……148
(1) 病害虫は予防が第一　148
(2) 栽培環境の調整と防除対策　149
(3) おもな病害虫と対処法　149
①イネミズゾウムシ　150
②カメムシ　151　③いもち病　152
【コラム】メタンガスの排出をどう考えるか？　154

終章　持続可能な「農」に向けて

1　近代的な集約農業の課題と有機農業……158
2　「農」をめぐる課題……159
3　持続可能な「農」に向けて……160

あとがき　161　／　参考文献　163
付録　ことば解説　166

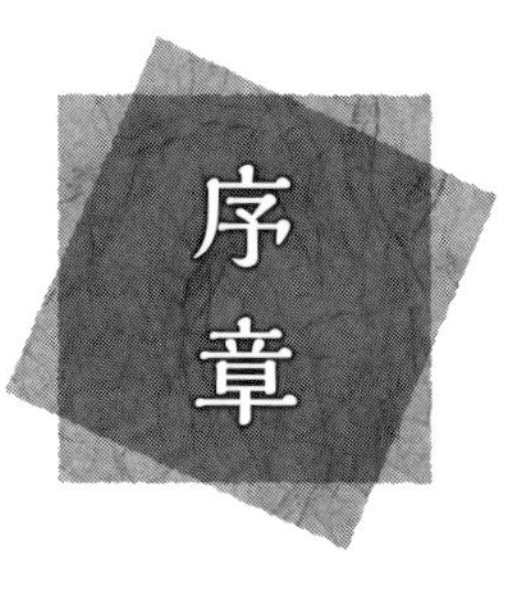

序章

雑草が生えない田んぼ

1 「雑草が生えない田んぼ」は、イネが理想的に育つ田んぼ

(1)「肥沃な田んぼ」では雑草が少ない

「ムギは肥料で、イネは地力で取る」といわれているように、ムギなどの畑作物の収量が施肥に依存するのに対して、イネの収量は水田土壌のチッソ肥沃度（地力チッソの量）に大きく支えられている。通常、イネが吸収するチッソのうち地力チッソの占める割合は6～7割になり、施肥に由来するチッソより多く（小山 1975）、地力チッソの多少は生産力を決定づける重要な要因である。

図1は、1997年に、田植え後の土壌の無機態チッソと最高分げつ期頃（田植えから40～50日後）に、雑草が地面を覆っている割合との関係を調査した結果である。この図からは、無機態チッソが低いと雑草の割合が増え、無機態チッソが高まると雑草の割合が低下するという関係が見られる。このことから、自然農法水田のなかで、一定程度以上のチッソ発現量がある圃場では、雑草の占める割合が少ない可能性が見い出された。そのため、田植え時の土の肥沃度が、水稲栽培における雑草抑制機能の一つの指標となると考えている。

また、イネの安定生産や品質向上を図るためには、生育期間を通じて過不足なくチッソが供給されることが栽培上の要点の一つであるが、地力チッソの発現には地温の上昇とともに活性化する微生物や土壌動物の物質循環的な働きも重要である。この循環が滞りなく行なわれ、イネが地力チッソを徐々に利用できるような土壌機能の強化が、イネが理想的に育つ田んぼのポイントの一つと考える。

(2) 雑草との陣取り合戦に勝つ

活着後の根伸びのよいイネは、過不足なくチッソが供給されることでそのチッソをよく吸収し、雑草よりも速く育つ。その結果、雑草との陣取り合戦をイネが制し優占して育つ。

いっぽう、土壌から発現するチッソが不足するとイネの成長は遅くなり、この環境に適した雑草種が優占しイネと競合する。施肥などによって一時的にチッソ濃度が高くなると、イネが吸いきれない余りを雑草が利用して競合し、雑草との陣取り合戦が激化していく。

そのため、気温や成長に合わせて生育期間を通じて過不足なくチッソが供給されるように土づくりをすることが大事であり、そのためには田んぼから

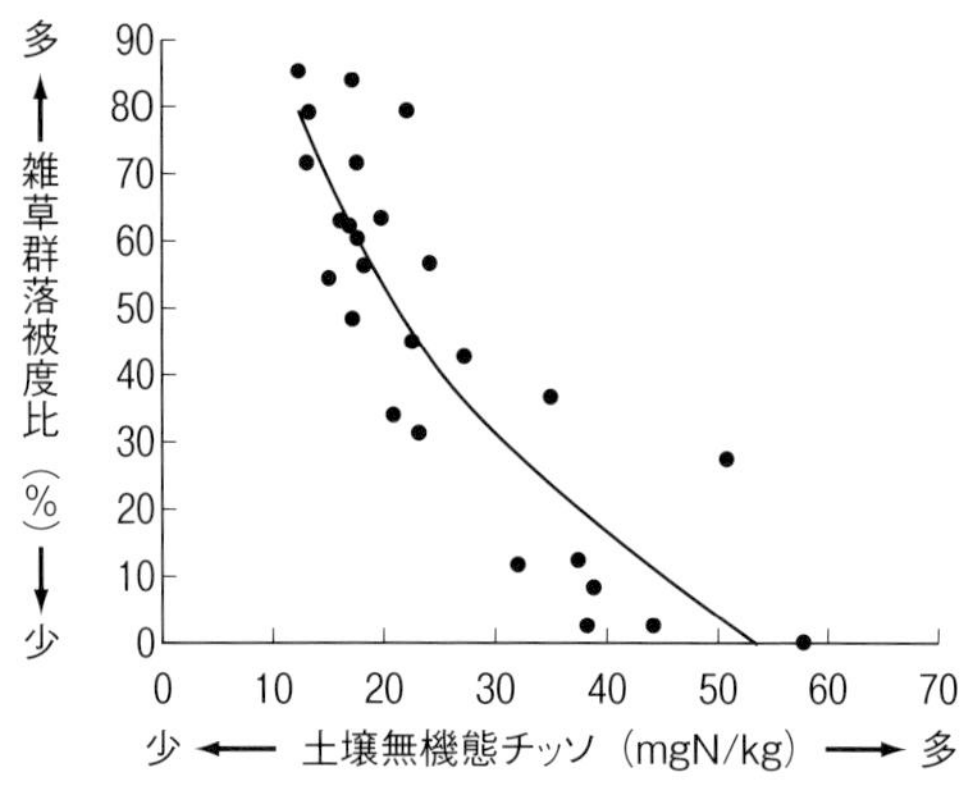

図１　養分濃度と雑草発生のイメージ
（岩石・原川 2000より加筆）

対象は東日本の自然農法水田26筆。これらの圃場ではイナワラは圃場に全量還元しており、あまり施肥をしていない。田植え時期はいずれも５月下旬～６月上旬である。地力チッソが無機化を始める温度は15℃以上といわれているが、調査した圃場ではその温度以上に達していることから、無機態チッソのデータが地力の多少を反映していると見える

収穫後、秋にイナワラをすき込み、
田植え時期はやや遅い

春にイナワラをすき込み、
田植え時期は慣行と同じ

写真１　秋処理の違いとイネと雑草の競合

注）長野県松本市の灰色低地土の試験圃場。田植え後は雑草放任

出るイナワラやイネ残渣の堆肥の活用が不可欠となる。

イナワラなどの収穫残渣は、収穫量の増加とともに大量に生産され、地力の維持・増進や物質循環の効率化をめざした低投入型の栽培をめざすためにも重要な資源である。また、イナワラや有機質肥料の活用方法によって雑草の発生状況が大きく変動するため、収穫残渣の処理は雑草を抑えるうえで重要な課題となる。

写真１は、長野県松本市（標高650m）の灰色低地土水田で試験を行なった時のものである。異なる耕耘時期（秋・春・入水直前）と田植え時期（５月中旬、６月初旬）を組み合わせて、土づくり期間の長短（イナワラ分解率の高低）と雑草との関係を比較したものである。

田植えまでのイナワラ分解率が高いとイネの生育がよく雑草は気にならな

い（写真1左）。いっぽう、イナワラ分解率が低いとイネの生育は悪く雑草が目立つことが読み取れる（写真1右）。

コナギが繁茂する状態は、有機物の急激な分解や透排水性不良によるイネの根の伸長阻害によって、イネが弱った状態を示している。イネの根が弱るとチッソなどの養分吸収が阻害され、そうした環境に適応した雑草が余った養分を利用し旺盛に生育するため、イネが雑草との陣取り合戦に負けてしまう。そうならないように、有機イナ作ではイネ刈り後の前年秋からイナワラの分解を進める管理を行なうことが重要になる。

また、排水が悪い田んぼや積雪の多い地域はイナワラが分解しにくいので、明渠や暗渠など排水対策を行なったり、イナワラを地表面で分解させるように不耕起田植えを行なったりするなどの工夫があってよい。

2 抑草対策はイネ刈り後の秋処理から始まる

(1) 異常還元でイネが弱り、雑草が元気づく

有機イナ作において、初期生育は非常に重要である。なぜなら、収量確保はもちろんのこと、雑草との競合（雑草との陣取り合戦）において有利になるからである。加えて早期に茎数を確保することにより遅れ穂による品質低下防止を図ることができる。

初期生育を決定づけるものとして、①イネが喜ぶ田んぼづくり、②よい苗づくり、③田植えのタイミングと栽植密度、の三つが柱であろう。ここでは①に絞って触れてみよう。

イネに喜んでもらうには、田んぼの均平や強固なあぜはきちっと整えておこう。そのうえで最も避けるべきは、田んぼの「◆異常還元」である。

異常還元とは、水田に未熟な有機物が多量に施用され、湛水後に土壌微生物が急速に有機物を分解するために酸素が使われるなどした場合に、Eh◆（酸化還元電位）が急激に低下し、土壌が短期間に強還元状態になることをいう。この現象は排水不良田ほど顕著である。異常還元になると、有機酸の蓄積、硫化水素の発生、可溶性の鉄やマンガンの含量の増加などが起こり、イネの根が傷み、生育不良となる。異常還元の発生は、イナワラや有機質肥料の使い方や田んぼの排水不良と関係する（図2）。すなわち、田植え時の土壌中に分解の不十分な有機物が多く存在することで異常還元となる。このような状態では、さまざまな雑草対策を

◆は「ことば解説」参照

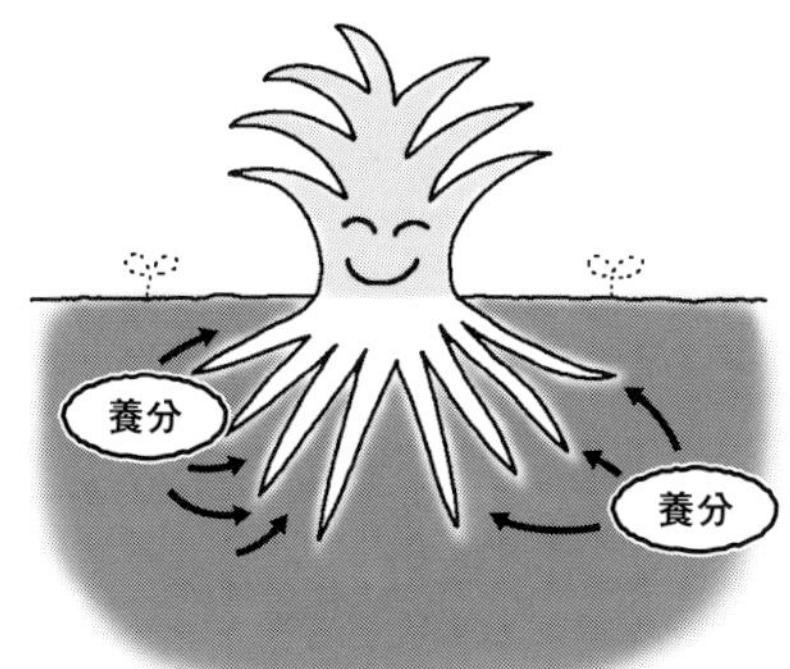

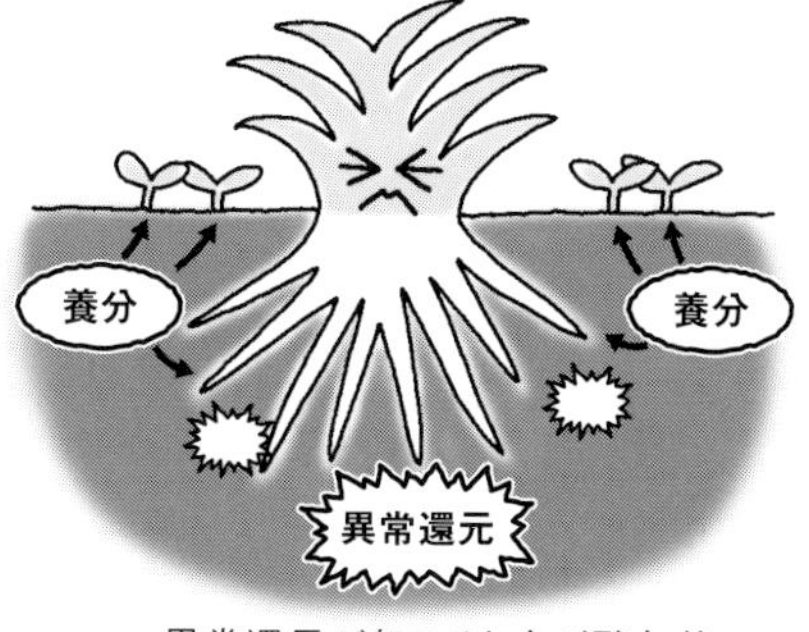

図２　異常還元によるイネの生育不良

いくら実施したところで、そもそもイネが育たないのだから思ったような効果が出ないのである。

先述の通り、イナワラは田んぼにとって理想的な資源である。何より田んぼのなかで生産・活用できるので、系内での資源循環が可能であるうえ、地力チッソのもとにもなる。いっぽうで、イナワラは分解するのに長い時間がかかる。異常還元が起こらないようにイナワラを早期に処理し、影響が出ない程度に分解を進めることが抑草の第一歩になる。

つまり、抑草は田植え後ではなく、イナワラをどう扱うかが決まるイネ刈り後の秋処理から始まるのである。なお、本書でいう秋処理とは、明渠などの排水対策や秋耕耘によるイナワラすき込みのことをさす。

写真２　イナワラの分解過程の様子

左から、積算温度0、600、1,200、1,800、2,400℃日

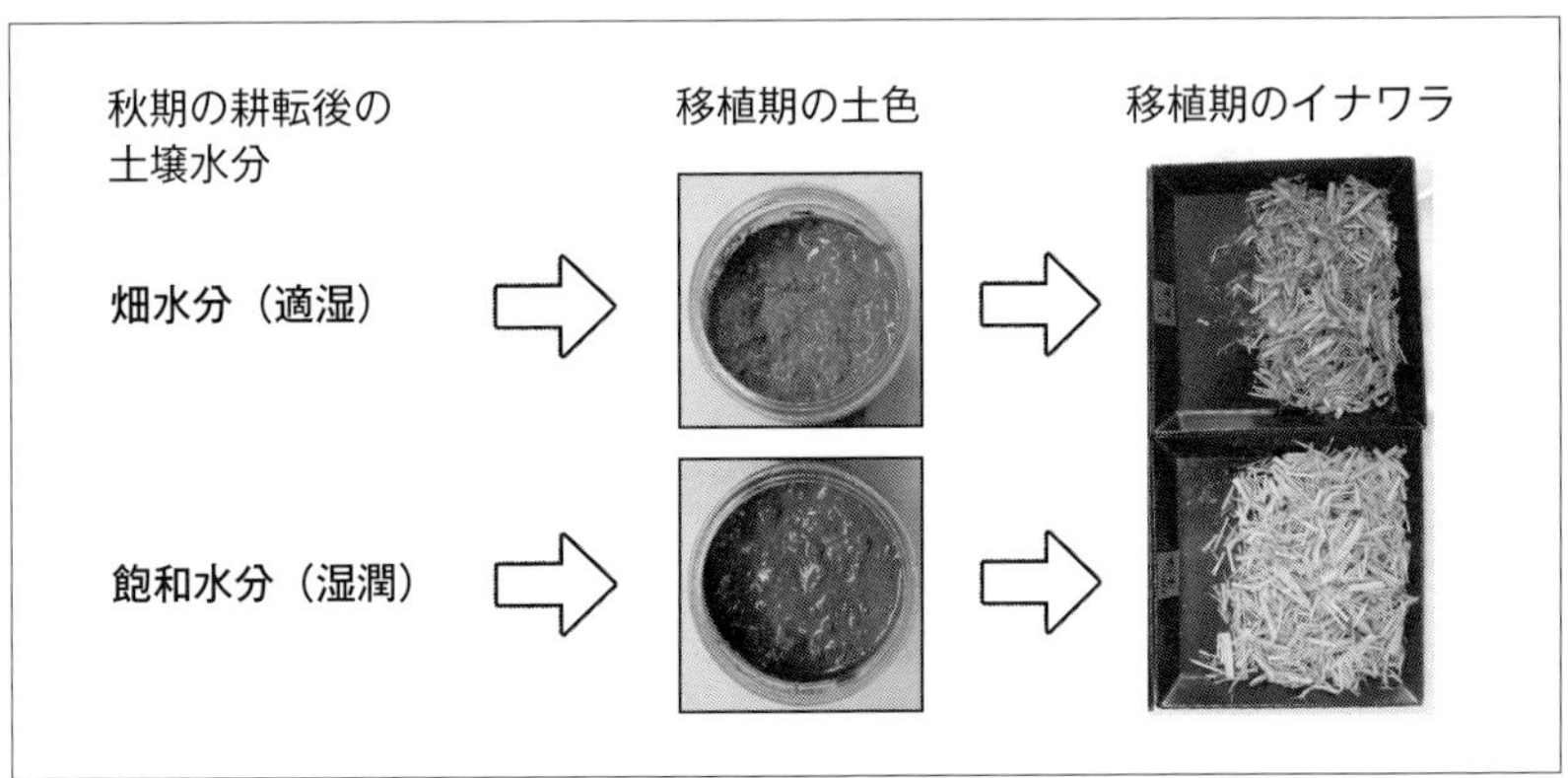

写真３　秋耕耘から入水までの土壌水分経過が田植時期の土色とイナワラ分解に影響

(2) イナワラ分解のための温度と水分

① 田植えまでに半分の分解をめざす

写真2は、イナワラを1㎜メッシュの寒冷紗で包み、0・01㎡ポットに充填された黒ボク土壌のなかに入れて30℃で加温し、水分は有機物が分解しやすい最大容水量◆の60％を維持したモデル実験の結果である。データを見ると積算温度◆が高くなるほど、イナワラは黄色→茶色→黒と変色しながら減量し、分解が進む（写真2、図3）。

イナワラをすき込んでから田植えまでの積算温度と、水稲および雑草の乾物重の関係を見ると、積算温度１５００℃日付近を境に水稲と雑草の力関係に変化が見られた（図4）。つまり、温度条件としては、１５００℃日以上の積算温度を確保して、田植えまでにイナワラ分解を45～50％程度進めるこ

◆は「ことば解説」参照

とが、雑草との陣取り合戦を制する鍵の一つになると考えられる。

②理想は畑の土壌水分

土壌の水分状態も、すき込まれたイナワラの分解に影響する。**写真3**に示したように、秋耕耘（イナワラすき込み）後の土壌水分を適湿（最大容水量60～80%。野菜が栽培できるような畑水分）にした場合は、代かき土壌の土色は酸化鉄の影響を受けて赤く、イナワラも黒色化して分解が進んでいる。いっぽう、土壌水分を湿潤（水溜まりができそうな飽和水分）にした場合では、代かき土壌の土色は還元鉄の影響を受けてやや青みを呈し、イナワラは黄色のままで分解が遅れている。

イナワラが45%分解するための土壌水分（最大容水量）と積算温度の関係を見ると、灰色低地土やグライ低地土など土壌タイプによって積算温度が異なるが、土壌水分は最大容水量60～80%が最適範囲である（**図5**）。

土壌水分はコナギの発芽にも影響す

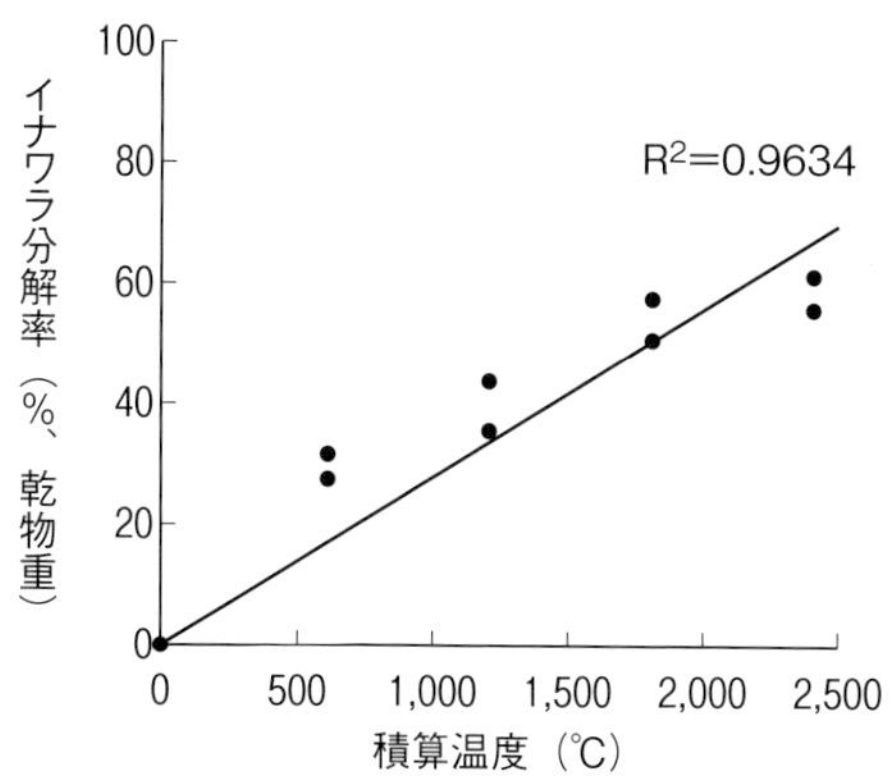

図3　積算温度とイナワラ分解の関係（三木ら2009）

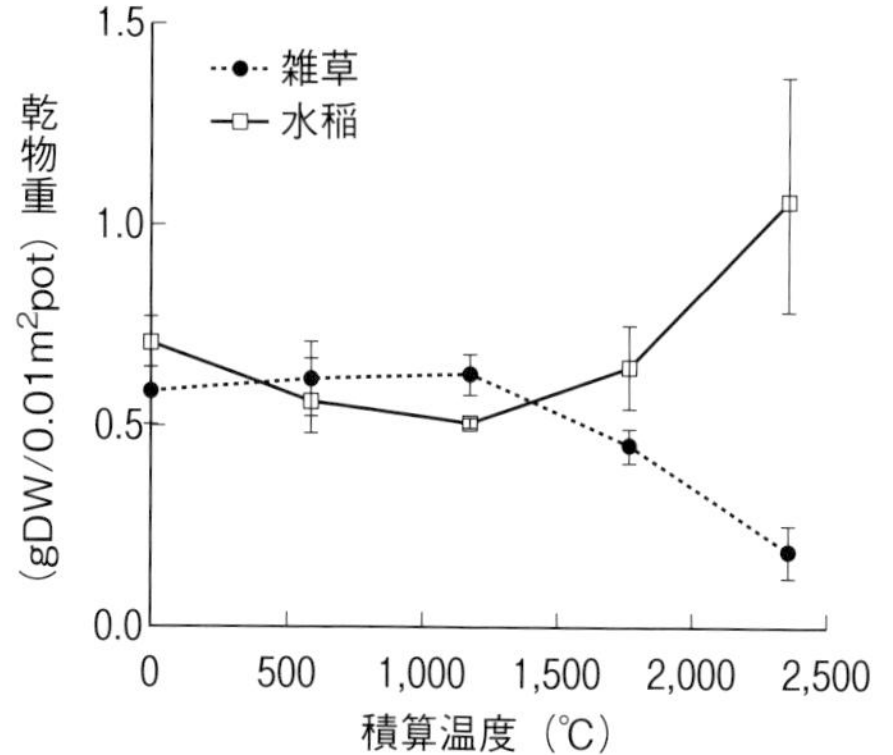

図4　イネ植え付け前の積算温度と水稲および雑草乾物重の関係（三木ら2009から作図）

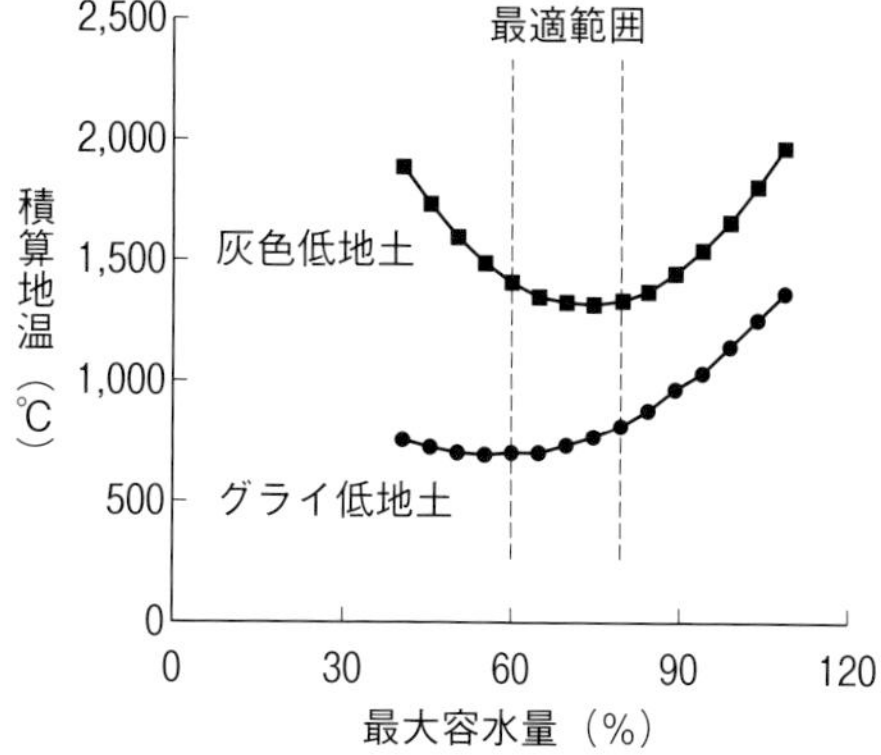

図5　イナワラが45%分解するための土壌水分（最大容水量）と積算温度の関係

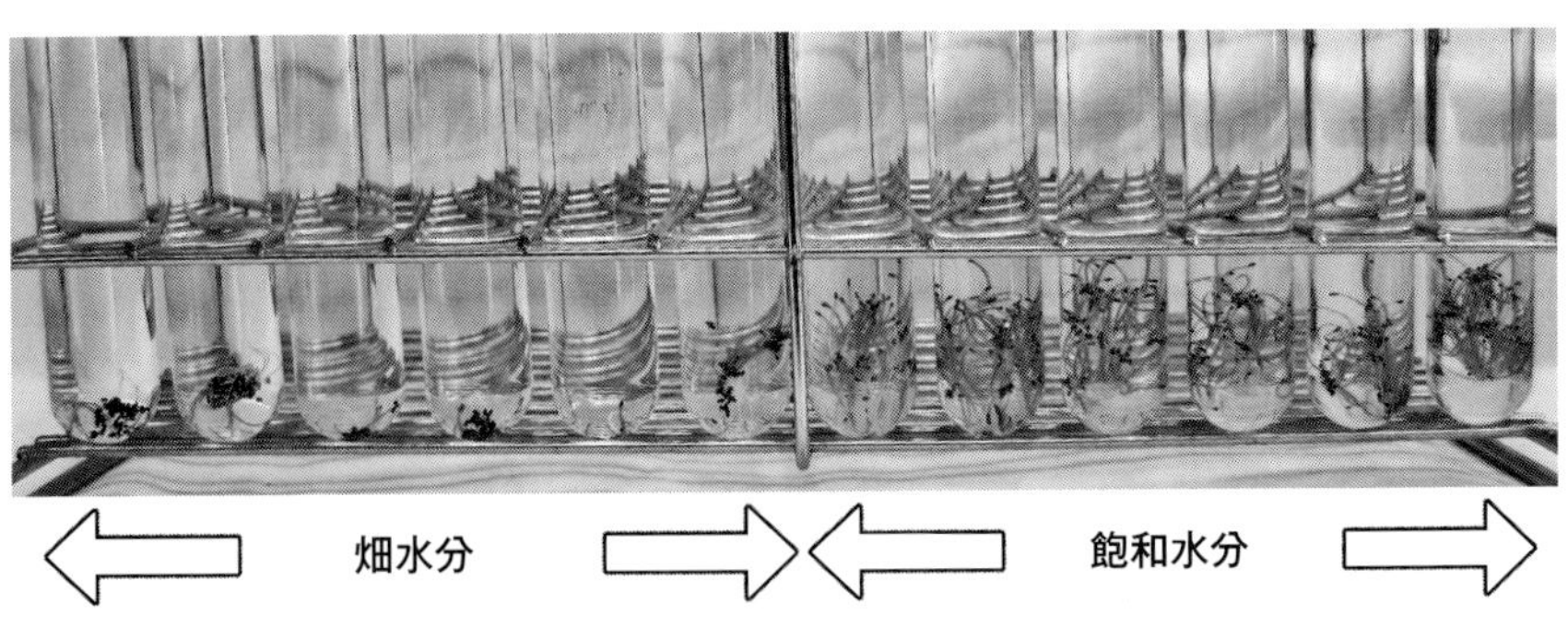

写真４　秋耕耘から入水までの土壌水分経過がコナギ種子の発芽に影響する

る。写真４は、秋耕耘後から入水前までの土壌水分が異なる条件下でコナギ種子を土壌中に埋設し、入水前にそれを回収して発芽状況を示したものである。これによれば、土壌水分を適湿にした場合は、休眠や死滅の影響でコナギの発芽が少ないいっぽう、土壌水分を湿潤にした場合では、発芽率は80％以上と高い。

このことから、イネ刈り後から代かき前の入水に至るまでの「非栽培期間」の土壌水分の管理は、土壌の化学性（酸化または還元）や、イナワラの分解程度を介して雑草種子の発芽の難易に影響することがわかるだろう。つまり、「①イネが喜ぶ田んぼづくり」には、非栽培期間における適正な土壌水分管理や前述の積算温度の確保などが重要である。この点には、もっと目が向けられるべきであると考えている。

(3) 表層がトロトロ、下層はボソボソの土が理想

理想的な水田土壌を図６に示す。

まず、作土全層に腐植が多く、有機物がよく分解されていることである。そのためには、秋にすき込まれた有機物が田植えまでによく分解されていることが大切である。未熟な有機物が残っていると、ガスや有機酸などが発生してイネが根腐れを起こす原因になるうえ、夏の高温期に急激に分解が始まってチッソの過剰供給を起こし、病虫害の原因になる。

作土層によく分解された有機物が多くなると、地力チッソとしてバランスよく養分がゆっくり放出される。イネの初期分げつの発生は少ないものの、有効茎数、１穂もみ数、登熟歩合が高い「秋まさり」の生育になる（⇩26〜27ページ）。

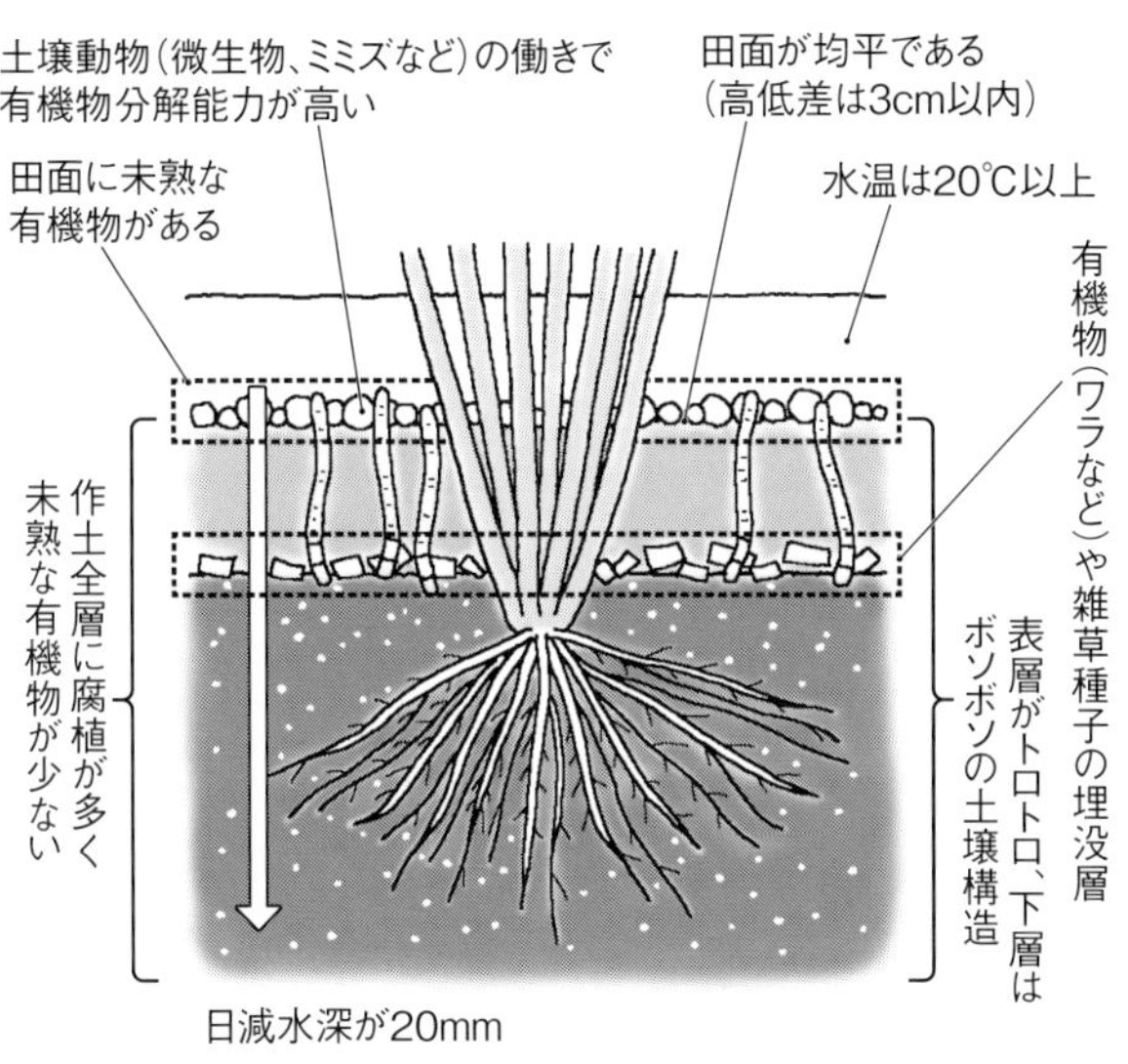

図６　理想的な水田のイメージ

次に、土壌の構造が、表層はトロトロ、下層はボソボソの二層構造となり、水持ちがよく水はけもよい根伸びのよい構造になっていることである。その際、日減水深◆（１日に田んぼから水が減る深さ）が20㎜（10～30㎜）程度になるように、耕耘や代かきによって透水性を調整する。

さらに、漏水なく深水ができるよう、強固で高いあぜを作ることである。漏水などにより日減水深が多いと水温地温が高まらず、イネや微生物、土壌動物の活動が低下するうえに、養分の流亡を助長する。逆に、日減水深が少なすぎると滞水により水温地温が温まるため、養分流亡は起こりにくくなるが、有害なガスや有機酸も溜まりやすく、イネの生育を阻害する。

田面の均平は、水管理の難易に直結するので重要だ。均平度は１筆内での高低差３㎝以内を目標とする。均平度が高いと水温地温と水深がそろい、イネや雑草の生育など条件がそろうため管理がしやすくなる。

最後に、田面に有機物（米ぬかや油かすなどの易分解性有機物）があると一時的な抑草となり、分解した養分は下方に移動しイネの養分として利用できる。また、未熟有機物は微生物や土壌動物のエサとなり、増殖を助ける。

上記のように、田んぼをしっかり管理し、理想的な水田に近づけることがイナ作の難易に影響する。

◆は「ことば解説」参照

(4) 抑草の成否は田植えまでに8割が決まる！

2009〜2010年にかけて、自然農法センターで甲信越地域の有機水田約30筆を調査したところ、目標収量に届かない方から十分に取れている方まで、非常に大きな幅があった（三木ら2017）。それぞれの農家ではさまざまな雑草対策が行なわれていたが、効果が高い圃場もあれば効果があまり見られない圃場もあった（**写真5**）。

なぜ、技術がこのように不安定なのか、私にはこの結果が非常に不思議であり、興味深く映った。そして、さまざまな過去の知見や、先輩や我々が行なってきた数多くの試験研究を参照し、現地調査をしていくうちに、秋からの対策が重要との結論を得た。

写真6は、秋処理の方法（耕耘時期・秋から入水前までの土壌水分管理）と、田植え直後の米ぬか除草の有無を組み合わせた圃場試験の結果である。

このなかで最も雑草が多いのは、秋からの春までの湛水継続ののちに春にイナワラをすき込んだ区であった。この区の雑草の量を100%とすると、最も雑草が少なかったのが秋耕耘（イナワラすき込み）後に排水対策を行なって土壌水分を適湿にした区で、雑草の量は30%であった。つまり、この秋処理の違いによって70%もの抑草効果が得られたことになる（**写真6上**）。

この試験区で、田植え直後にいわゆる「米ぬか除草」的な有機物の田面施用を行なったところ、面白い結果が得られた（**写真6下**）。最も雑草が多かった区は、田面施用をしても101%と抑草効果が見られなかったのに対し、最も抑草できた区に田面施用をすると6%となり、抑草効果が94%とより高まった。この場合、田面施用により30%が6%と雑草の量は5分の1となり、秋処理との組み合わせで抑草効果は2割以上高まった。

加えて、この田植え直後の田面施用は、イネの生育促進にも貢献し、特に抑草効果が高い区は、イネの生育促進効果がより高かった。逆に抑草効果が低い区はその効果が小さく、雑草との競合が強くなった（**図7**）。

米ぬか除草は抑草技術として知られているが、この技術単体で抑草が成り立つのではなく、イネが元気に育つ環境のうえで成り立っているのだろう。

このように、イネ刈り後から田植えまでの期間の管理、即ち耕耘や土壌水分管理、田植え直後の田面施用次第で抑草の効果は大きく左右されることがご理解いただけるのではないだろうか。

加えて、よい苗づくり、田植えのタ

２回代かき・米ぬか除草

米ぬか除草・深水管理

写真５　甲信越地域の実態調査から

それぞれ、抑草効果が低かった田んぼ（左）と高かった田んぼ（右）

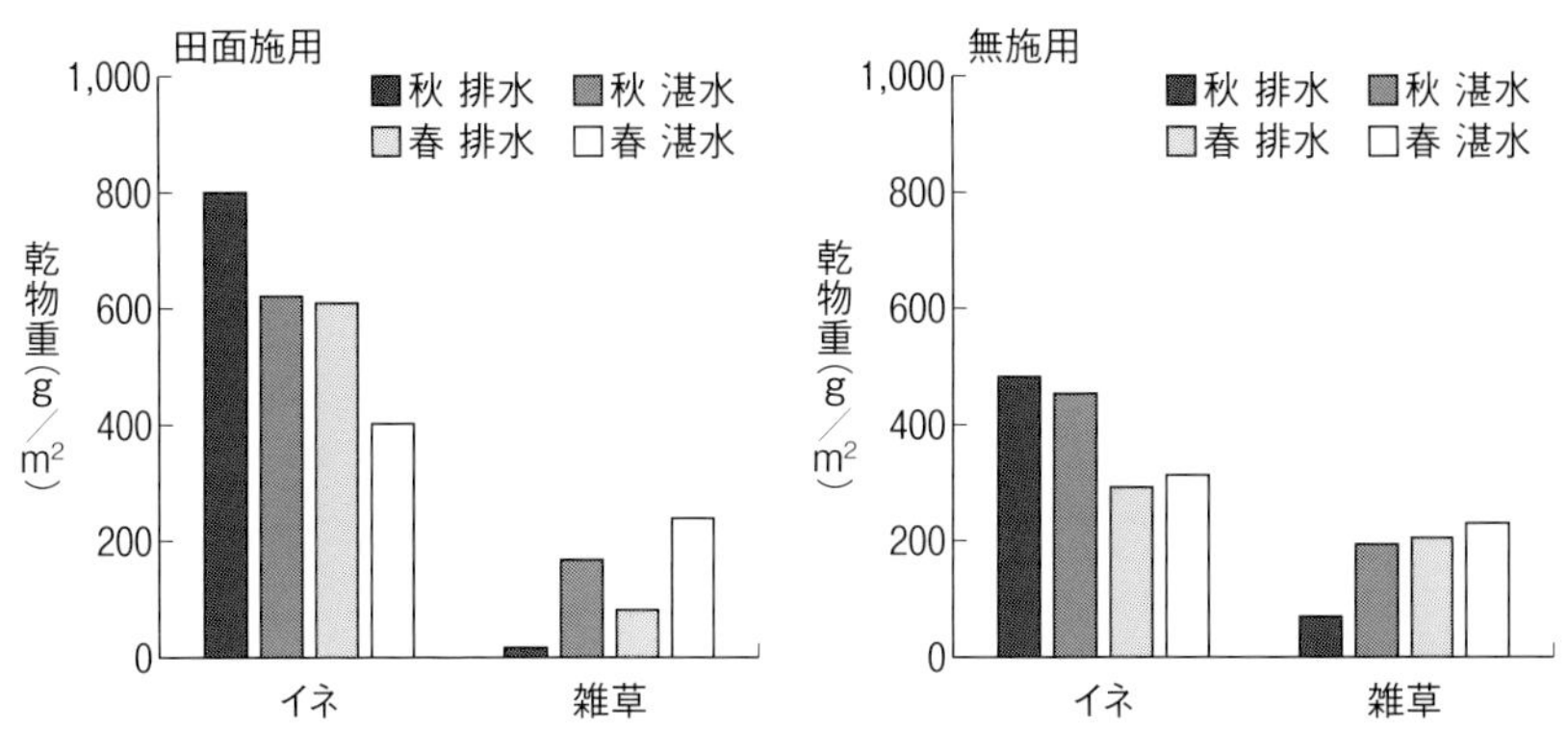

図７　秋処理方法と田植え後の米ぬか油かす田面施用を組み合わせた雑草害低減効果

（三木ら 2015）

注）パーセント表示は、湛水＋春耕＋田植え後無施用における出穂期の雑草乾物重236g/m^2を100としたもの

イミングと栽植密度がうまくそろうと初期生育の確保と抑草が両立する状態に近づく。つまり、イネ刈り後から田植えまでで、抑草の成否のおよそ8割が決まるのである。

3 気候、土壌、地力に応じた技術の組み立て

(1) 目標から逆算した技術の選択

有機イナ作を行なううえで、大事な心得が二つある。一つ目は、方法（技術）ありきで考えるのではなく、状態に合わせて方法を扱うこと。二つ目は、目標とするイネの姿から逆引きして、年間特に秋からの方法を組み立てていくことである。もっと言えば、前年のイナ作すらも翌年のイナ作の準備になる。この二つの心得を前提に実際

非栽培期間の耕耘時期と土壌水分管理

	湛水	
	春耕	秋耕
無施肥	100%	83%
田面施肥	101%	70%

写真６　秋処理方法と田植え後の米ぬか油かす田面施用を組み合わせた抑草効果（三木ら 2015）

表１　有機イナ作成功のために俯瞰すべき３つのポイント

①耕作者の目的	目標収量、品質目標、健康・環境影響、生きがいなど
②選択される管理	機械資材、資金労力、経験知識、販路など
③田んぼの各種条件や状態	気候、土質、地下水位、生物、肥沃度など

注）自然農法センター内部資料（大久保慎二 2019）より作成

の栽培を行なうには、表１のような三つのポイントを考える必要がある。

仮に、耕作者の目標収量が４８０kg／10ａであったとしよう。しかし、保有装備も労力も、気候や土質や肥沃度なども皆違うので、それぞれに合った

表2　土壌のタイプと有機物利用および耕耘代かきの関係

	乾田（黒ボク土）	普通（灰色低地土）	湿田（グライ低地土など）
有機物	分解が進めば乾土効果が出やすい。 乾きすぎは分解が進まない	中間	分解が進みにくく、貯留しやすい。すき込まずに田面施用で障害回避
耕起	乾きすぎないようにする	天候に応じて適当な水分を保つように調整	乾くようにする。しないほうがよい場合もある
代かき	丁寧に	中間	あっさり、またはしない

表3　各種抑草技術のメリット・デメリット

雑草管理方法	雑草への影響	イネへの影響
耕耘	乾燥、損傷、低温によるクログワイなどの多年生雑草を低減	イネの根域拡大。ロータリーの高頻度使用や高水分での耕耘は還元障害を招く
複数回代かき	代かき後に発生した雑草を植代かき時にすき込み、発生数を低減	植代かきで適正な日減水深が取れればよし。代のかきすぎは根伸びが悪く、有害な酸やガスも溜まりやすくなる
米ぬか除草などの有機物田面散布	発芽時に酸素要求度が高い雑草を抑える。イトミミズなどの増殖により田面を盛り上げて雑草種子を発芽深度以下まで埋没。移植後早期散布。また、20℃以下の時期での施用は効果が得にくい	本葉3.5枚以上の中苗以上の苗を植える。稚苗ではイネの生育にも影響
深水管理	8cm以上の水深を維持し、発芽時に酸素要求度が高い雑草を抑草	温暖地や温かい灌漑水はイネへの影響小さい。寒冷地や冷たい灌漑水では生育抑制に
紙マルチ・布マルチ	物理的な被覆により抑草。クログワイやミズガヤツリには効果が劣る	寒冷地では深植えや地温の低下により初期生育が劣る
除草機	物理的に雑草を埋め込む、あるいは浮かせて除草する。初期除草が効果高い	異常還元では、イネの欠株が増える。未熟なイナワラが田面にあると苗を引き倒す
イトミミズ・カブトエビ・スクミリンゴガイ	生物活動により雑草発生を低減	スクミリンゴガイは食害に注意。適正な生息密度管理、圃場均平や大苗植えで被害軽減

表4　雑草管理技術の分類

耕種的防除	耕起法（不耕起・耕耘・代かき）、栽培法（品種・作期・栽植密度・有機施肥）、灌漑法（浅水・深水・間断灌漑・落水）など
物理的防除	除草機、紙マルチ、布マルチなど
生物的防除	鳥類、魚類、甲殻類、軟体動物、微生物など
化学的防除	除草剤など。有機イナ作ではもちろん使用しない

アプローチが必要だ。

例えば、土壌物理性で考えてみよう。表2のように、水はけのよい乾田と水はけの悪い湿田では、有機物の扱いや耕耘および代かきの仕方も変わる。

また、多くの農家が行なっている雑草管理法にも、それぞれメリットとデメリットがあり（表3）、田んぼの条件や状態に応じて方法を選ぶ必要がある。一般に雑草管理技術は四つに分類されるが（表4）、有機イナ作の場合は、雑草発生や増殖に不適な状況を作り出し、イネの生育そのものを良好にして雑草との競争力を強化するのが基本となるので、耕種的防除を中心に取り組むことになる。

有機イナ作を「箱根駅伝」に例えるなら、イネ刈り後が往路のスタートで田植えがゴールである。そして復路は田植えがスタートでイネ刈りがゴールであり、管理（襷）をつないでいくことで、コメの収量という結果（順位）が得られると同時に、このコメの収量とほぼ同量のイナワラという地力のもと（翌年のシード権）を得る。

雑草の対応にばかり目がいくと、イネの状態に目がいきにくくなる。田んぼの条件に合わせて、イネにはメリットに、雑草にはデメリットになるような管理を選ぶ。

(2)「大苗・疎植・深水」がすべてではない

講座先の農家から、よく聞かれることがある。「大苗・疎植・深水が抑草によいのですよね」と。

私は、半分は正解だと思うし、半分は不正解だと思っている。それは先述したように、「田んぼの条件がそれを受け入れるかどうか」であって、初めに方法論ありきではないだからだ。

大苗・疎植・深水は、温暖地や肥沃な土地では理にかなった方法である。温暖地や肥沃地では、疎植と深水を組み合わせても茎数不足になることなく、むしろ過繁茂を防ぐこともあり、病害や雑草害を軽減しうる。

しかし、寒冷地や冷たい灌漑水を利用する地域ではどうだろうか？　深水にすると水温は温まりにくく冷めにくい特徴がある。それにより地温が上がりにくいことでイネの活力が上がらないだけでなく、地力チッソの放出も緩慢になる。そこに疎植となれば、茎数不足になってしまう。

(3) 地域に適正な栽植密度

先に紹介した甲信越地域の有機水田の調査では（三木ら２０１７）、低収量の大きな要因は穂数不足であることがわかった（図8）。収量を安定させるには、1㎡当たり３００〜３５０本の穂数が必要だろう。また、穂数が少

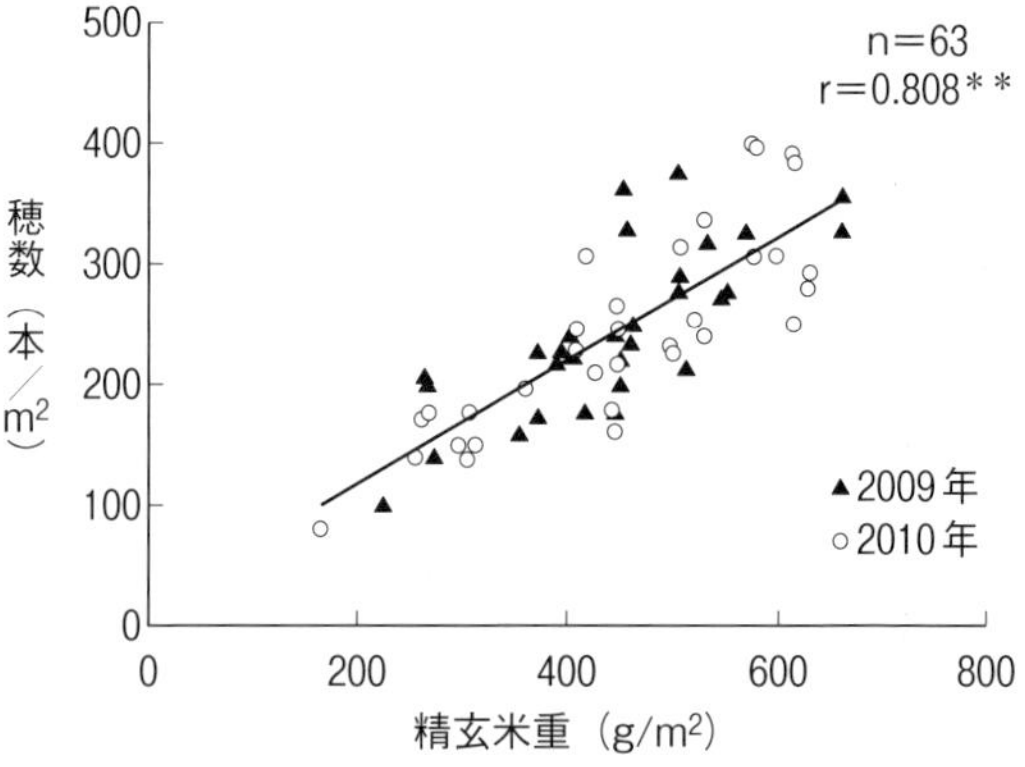

なくなるのは、イネの生育不良と雑草競合が要因であった。
　雑草の発生は田植え頃のイナワラ残存率との相関関係が見られ、イネの生育不良は栽植密度との関係が見られた。栽植密度は1㎡当たり15株付近が

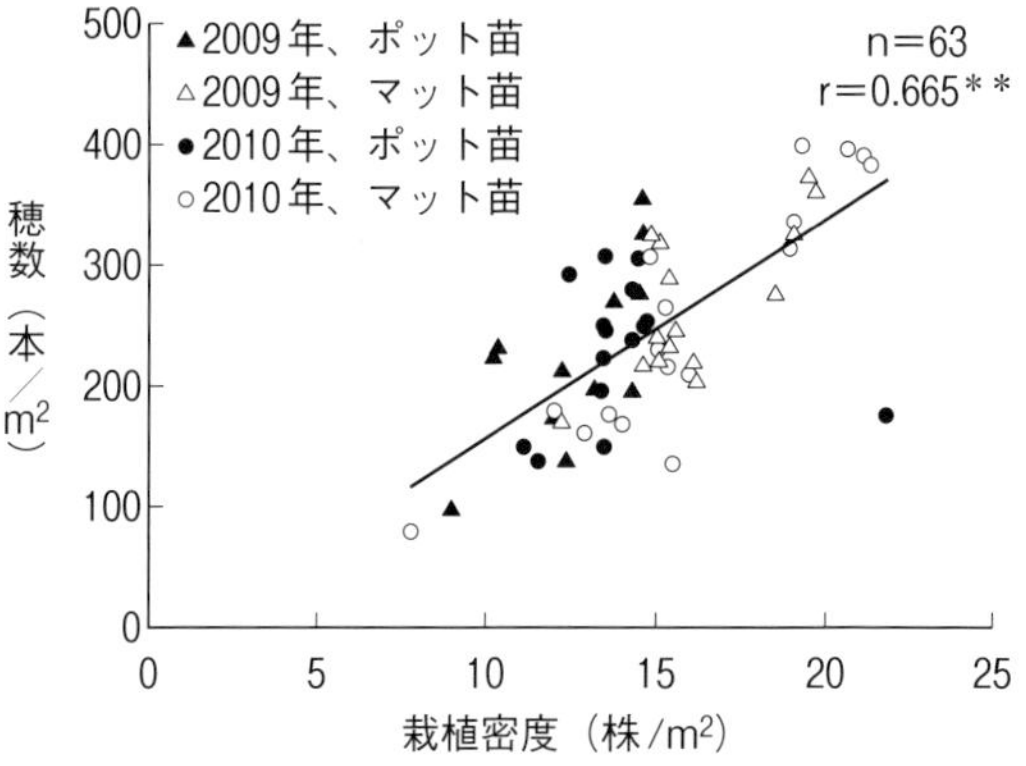

図8　成熟期の穂数と精玄米重　（三木ら 2017）

穂数確保の分水嶺で、それより多いと穂数が安定的に確保され、少ないと穂数が少なくなるのである（図9）。

　ここで問題なのは、ポット苗は播種量の少なさと育苗スペースの関係から疎植傾向になりがちであることだ。せっかくの大苗も田んぼの条件や技術の組み合わせによっては、十分な効果を発揮できない。

　つまり、よい苗を育てることを前提として、雑草との陣取り合戦に勝つためのその地域に適正な栽植密度をどう確保するか、という視点で技術を選択する必要がある（図10）。

図9　成熟期の穂数と栽植密度　（三木ら 2017）

4　理想とするイネの生育イメージ

(1) 自然農法・有機農法の理想形

　では、自然農法の理想的な状態とはどのような状態を指すのか？ イネが健康に育つように、土の状態を適切に維持管理することで雑草の生えにくい田んぼに育て（図2、図6）、栽培という行為を通して自然へ働きかける理

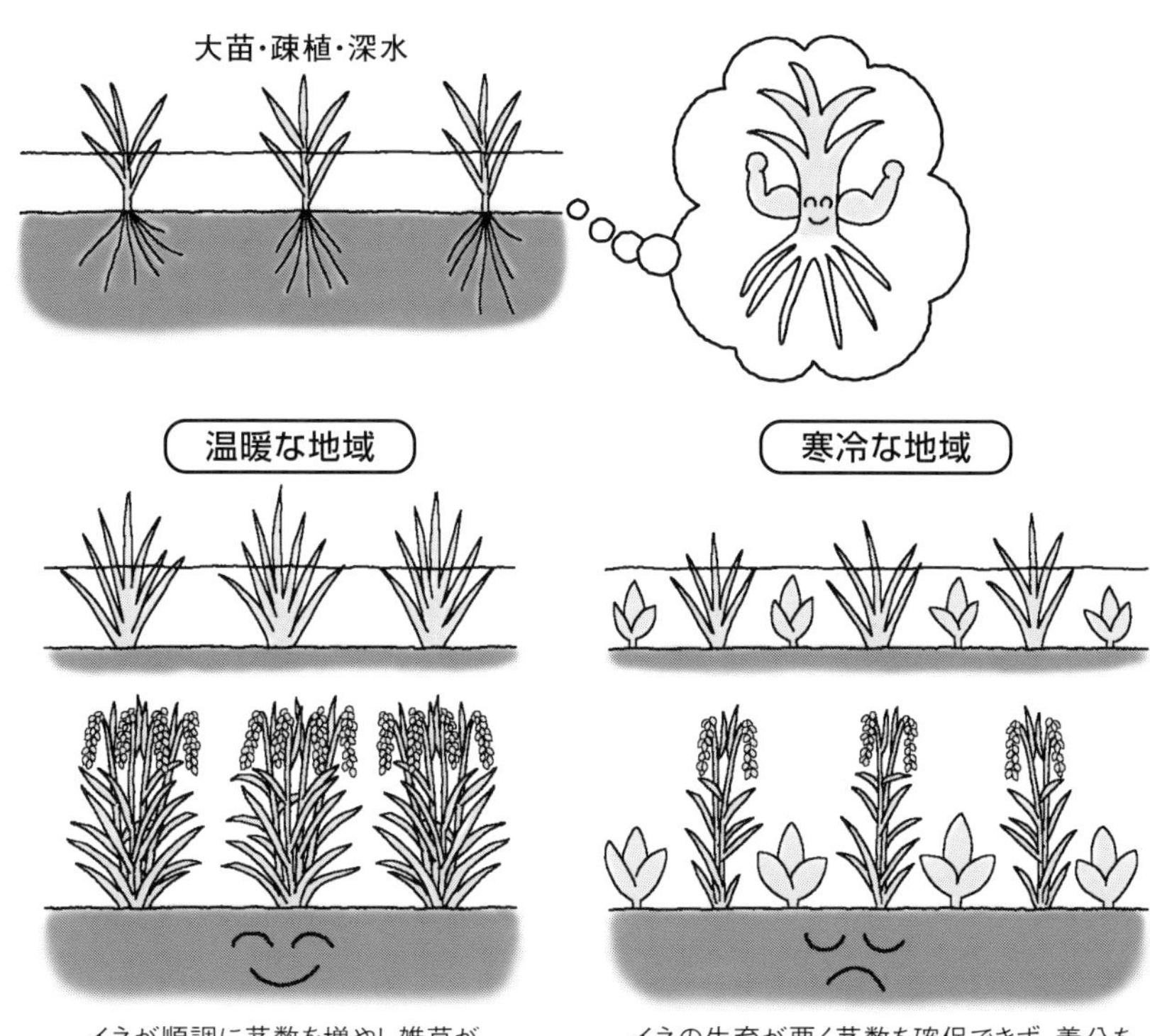

図10　苗と栽植密度の考え方の例

想的な方法であると考える。自然農法を行ないやすい土、つまり作物が喜ぶ土に育ってもらうために行なうことを私たちは「育土」と呼んでいる。そして、「育土」は私たちの働きかけだけではなく、気象や生物たちの力を借りて変化しながら、時間をかけて進んでいく。

自然農法が完成するイメージを、図11に示す。目標とする自然農法は、育土で高い地力を維持し、収量・品質が高く、生物が豊かなために特定の病虫害や雑草害（が発生する必要）のない状態になっていると考える。

いっぽう、慣行栽培は、土の肥沃度を化学肥料で補い、虫害や雑草害の防除を農薬に依存している。そのため、慣行栽培から農薬・化学肥料を抜いた移行栽培では、土の肥沃度と生物活性が低い分、収量の低下や雑草害を招くことがある。

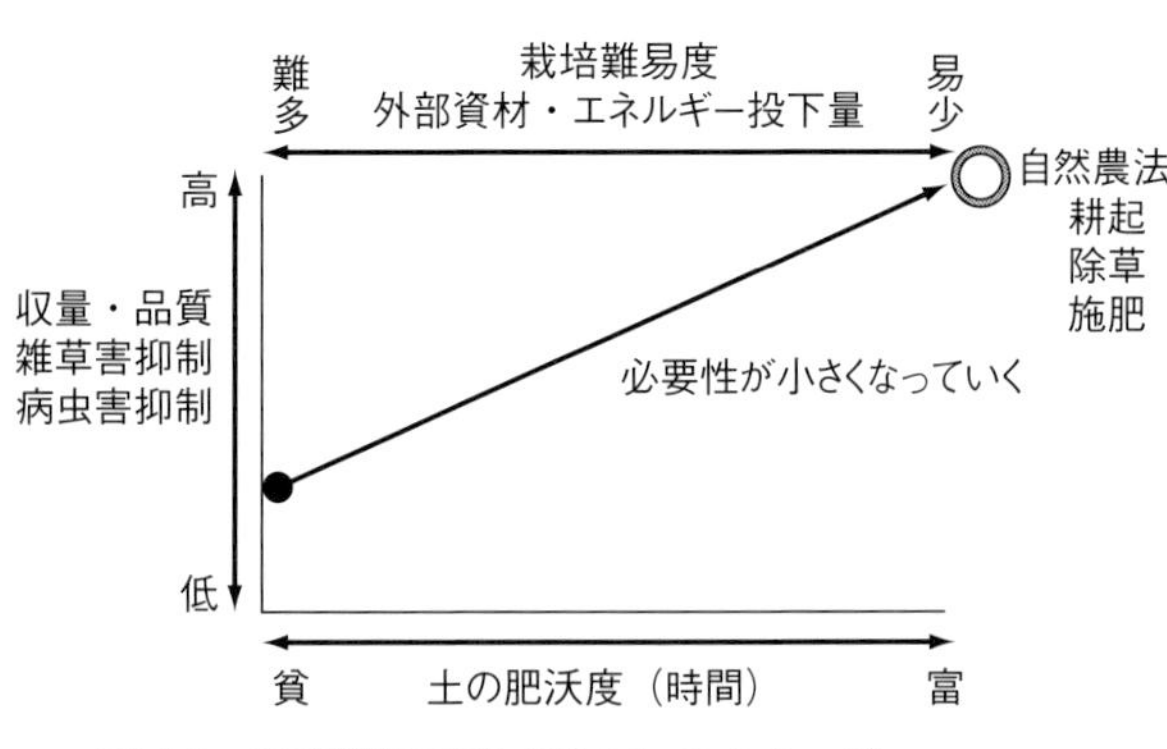

図11　自然農法完成（育土）のイメージ

(2)「秋まさり」の生育

理想的なイネの生育相のイメージを、慣行水田と比較して図12に示した。

慣行水田では田植え後、すみやかに茎数が増加するのに対し、安定した自然農法水田ではじっくりと茎数が増えていく。これは地力チッソの発現が温度に制限されることと、低温時には有機質肥料の肥効が化学肥料に比べて劣るからである。

このように、有機イナ作では初期生育は遅くなるものの、成熟期頃の生育は慣行水田に比べて稈が短く、穂が長くなる。成熟した（育土が進んだ）有機農法水田では雑草がおとなしくなり、1㎡当たりの穂数が慣行水田より少なくなるが、1穂当たりもみ数、登熟歩合、千粒重が高まって「秋まさり」の生育となり、慣行水田並みの収量確保が可能である。

いっぽう、慣行栽培からの切り替え時の移行水田では、雑草害や病虫害の被害が増して大きく減収しやすくなる（**表5**）。こうした特徴は、水田の土の状態、つまり肥沃度を反映する。これが自然農法で「土の偉力の発揮」を最も重要視する理由となっている。

理想とするイネの生育イメージは、目標収量から逆引きして収量構成要素ごとの目標を定める。目標収量は、無肥料であれば地域慣行収量の60％、有機質肥料を利用する場合では90％あたりかと思う。収量は地域性や品種の違いの影響を受けるので、「10ａ当たり○俵」とは一概には言いにくい。例として、長野県松本市の「コシヒカリ」を例に、生育目標（**表6**）と栽培の大まかなポイントを示す。

なお、有機イナ作では地力チッソを有効に利用し、茎数確保に時間を要するため、中生〜中晩品種の大苗遅植え

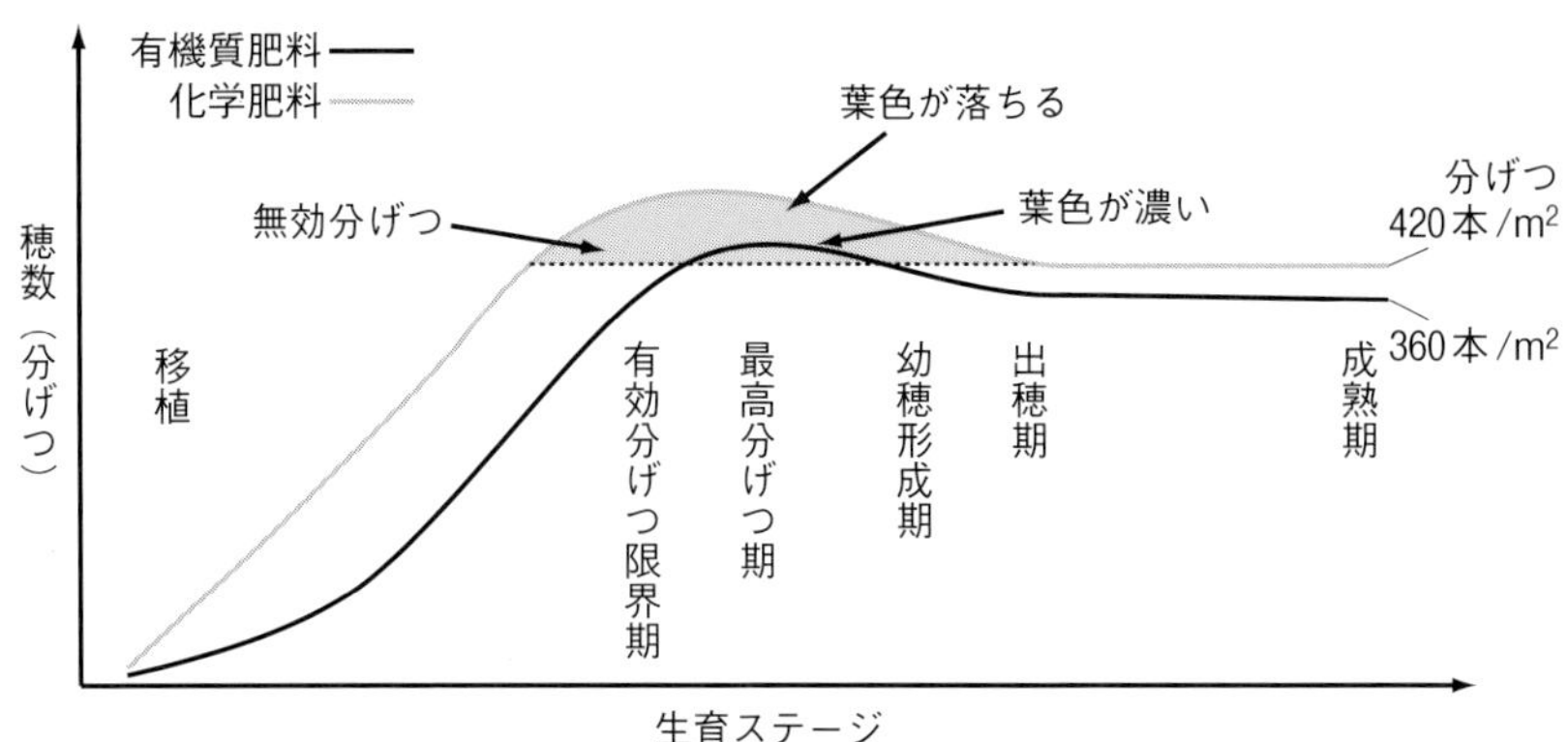

図12　生育の特徴

有機質施肥は化学肥料に比べて初期分げつの発生が少ない、有効茎歩合が高い、1穂当たりもみ数が多い、登熟歩合が高いという、「秋まさり」的な生育を示す

表5　有機イナ作の特徴

圃場	生育初期	生育中期	収穫期
慣行栽培	化学肥料で旺盛	葉色が一旦淡くなる	穂数は多いが、1穂当たりの粒数は少ない
実施1年目	比較的分げつが旺盛である	茎数が多く、葉色が落ちない場合、病気に注意が必要となる	穂数はやや多いが、穂は小さい傾向がある
実施3年以降	分げつがゆっくり進む	葉色が濃く推移し、出穂以降、徐々に黄金色になる	穂数はやや少ないが、穂が大きく登熟もよい

表6　収量構成要素（例）

	栽植密度（株/m^2）	1株穂数（本/株）	1穂当たり粒数（粒/穂）	m^2当たり粒数（千粒/m^2）	登熟歩合（%）	千粒重（g）	収量（/10a）
地力が低い圃場	21.3	11.7	94	23.4	96	22	8俵
地力が高い圃場（高温年）	20.3	15.0	100	30.5	94	22	10俵
地力が高い圃場（低温年）	21.0	16.4	83	28.6	95	21	9.5俵

注）長野県松本市・自然農法センター農業試験場の「コシヒカリ」

が適している。

(3) 各段階で目標とする生育相

① 生育前期（田植え〜最高分げつ期）

寒冷地の初期生育は特にゆっくりとなるため、20℃付近の暖かい時期に田植えができるよう、田んぼと育苗の準備をする。有機物の多量投入は多収にはつながりにくい。田んぼの肥沃度と目標収量を勘案しながら不足分を適正に補おう。田面施用なども穂数確保に有効だ。

また、育苗では健苗の育成に努め、田植えは目標茎数を300〜400本／㎡として、田んぼの肥沃度が高けれ

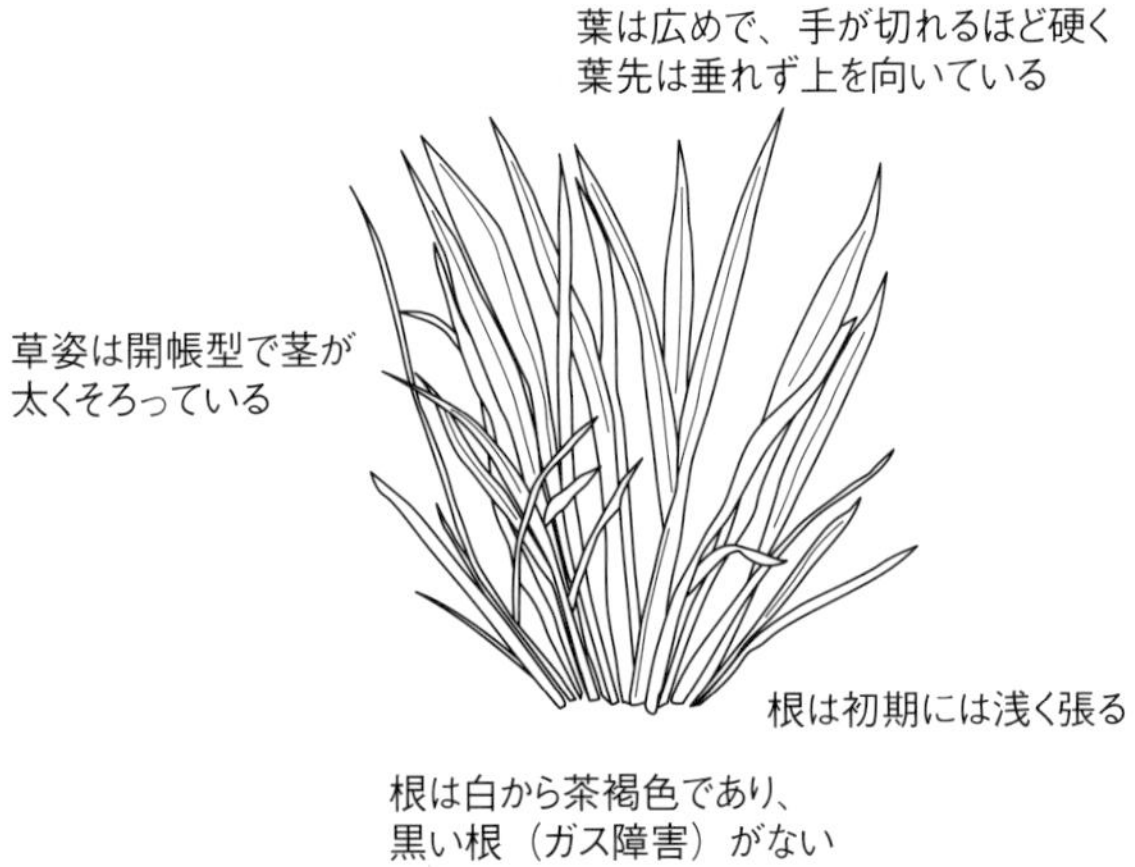

葉は広めで、手が切れるほど硬く
葉先は垂れず上を向いている
草姿は開帳型で茎が
太くそろっている
根は初期には浅く張る
根は白から茶褐色であり、
黒い根（ガス障害）がない

図13　健康なイネの姿（分げつ期）

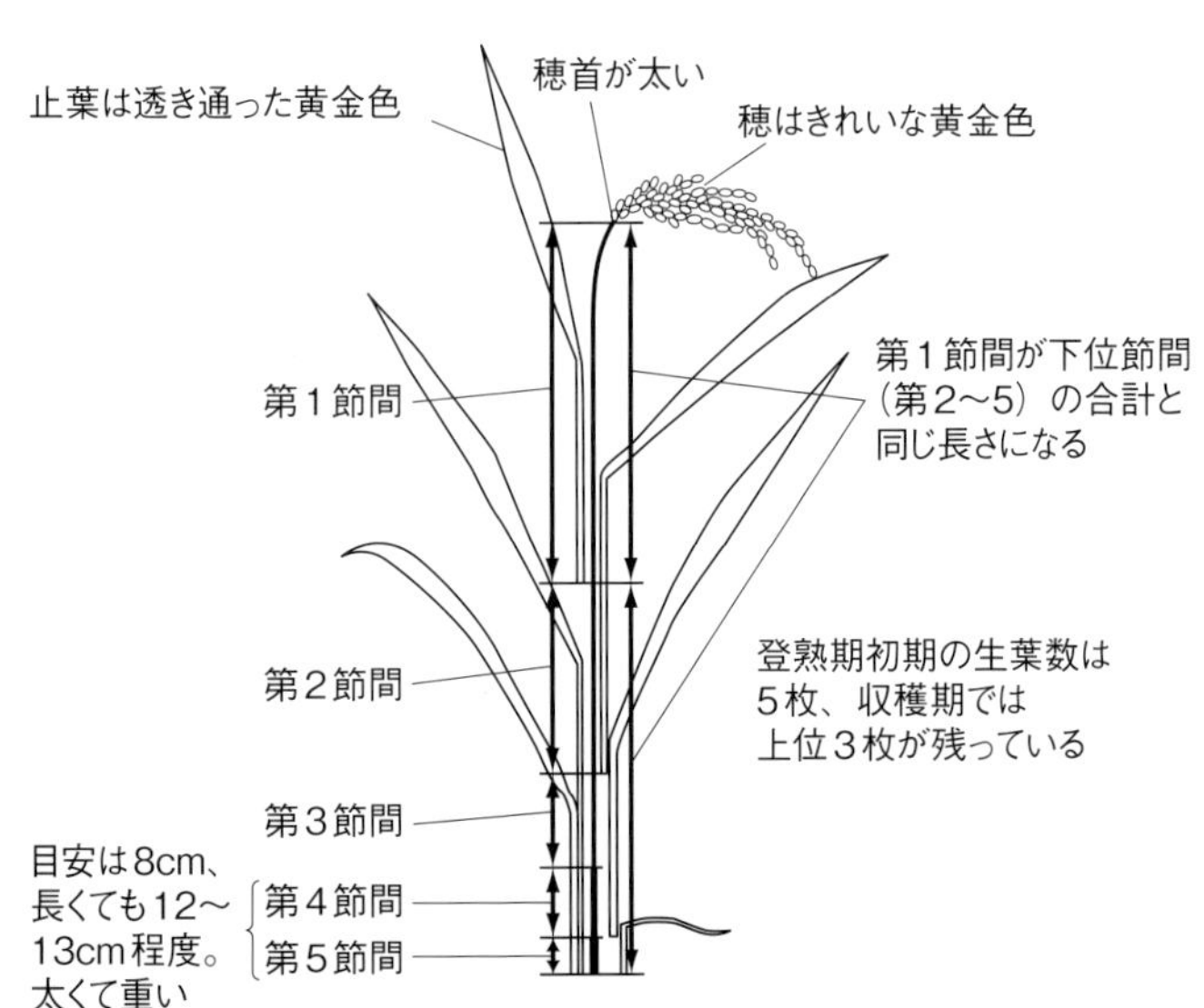

図14　健康なイネの姿（収穫期）

郵便はがき

3350022

おそれいりますが切手をはってお出し下さい

（受取人）
埼玉県戸田市上戸田
2丁目2―2

農文協
読者カード係 行

◎ このカードは当会の今後の刊行計画及び、新刊等の案内に役だたせていただきたいと思います。　はじめての方は○印を（　）

ご住所	（〒　―　） TEL： FAX：
お名前	男・女　歳
E-mail：	
ご職業	公務員・会社員・自営業・自由業・主婦・農漁業・教職員（大学・短大・高校・中学・小学・他）研究生・学生・団体職員・その他（　）
お勤め先・学校名	日頃ご覧の新聞・雑誌名

※この葉書にお書きいただいた個人情報は、新刊案内や見本誌送付、ご注文品の配送、確認等の連絡のために使用し、その目的以外での利用はいたしません。

- ご感想をインターネット等で紹介させていただく場合がございます。ご了承下さい。
- 送料無料・農文協以外の書籍も注文できる会員制通販書店「田舎の本屋さん」入会募集中！
案内進呈します。　希望□

■毎月抽選で10名様に見本誌を１冊進呈■（ご希望の雑誌名ひとつに○を）

①現代農業　②季刊 地 域　③うかたま

お客様コード

お買上げの本

■ご購入いただいた書店（　　　　　　　　　　書店）

本書についてご感想など

●今後の出版物についてのご希望など

この本をお求めの動機	広告を見て（紙・誌名）	書店で見て	書評を見て（紙・誌名）	インターネットを見て	知人・先生のすすめで	図書館で見て

◇新規注文書◇　郵送ご希望の場合、送料をご負担いただきます。

購入希望の図書がありましたら、下記へご記入下さい。お支払いはCVS・郵便振替でお願いします。

(書名)	(定価) ¥	(部数) 部
(書名)	(定価) ¥	(部数) 部

460

ば株間は広く、低ければ狭くという具合に、状態に応じて調整する。株当たり植え付け本数は2～3本にする。

田植え以降は、適正な水管理を行なって根の活性を高めるようにし、葉は広めで硬く、草姿は開帳型で茎が太くそろっていると理想的だ（図13）。

② 生育中期（最高分げつ期～出穂期）

太い茎で穂数（注）は300～350本／㎡程度とし、1穂当たり粒数は90～100粒程度の大きい穂を目標にした栽培を心がける。穂数が400本／㎡以上になると草丈が伸び、倒伏しやすくなる。また、300本／㎡よりも少なくなるほど、雑草との競合のリスクが高まる。適正な水管理（間断灌水など）を行なって、生育量のコントロールと根の活性を維持するように努める。

（注）1㎡当たりの穂数（本／㎡）＝栽植株数（株／㎡）×1株穂数（本／株）

③ 生育後期（出穂期～収穫期）

登熟歩合90％以上、千粒重は22g以上の充実したもみ（品種ごとの特性に準ずる）を目標にした栽培を心がけよう。そのようなイネになるには、下位節間が太くて短い、収穫前に生葉数が上位3枚残っている、穂首が太い、などの健康なイネ姿（図14）に近づくよう努力したいところだ。そのためには、根の活力維持が大事で、適正な間断かん水と適期の落水を行なって根の活力維持に努める。

いずれにしても、先に述べた三つの要因（耕作者の目的・選択される管理・田んぼの各種条件や状態）がまとまるように耕作者が環境を整えることと、それを秋からスタートさせ管理を適正につないでいくことで、耕作者の理想的なイナ作につながっていく。そのためには、自然農法がめざす「自然を尊重し規範として順応する」という理念に向けて、「土の偉力を発揮する」ために、「状態に合わせて方法を組み立てていくこと」が大事だと、筆者は考えている。

第1章

有機イナ作技術のポイント

有機イナ作技術のポイントは、目標とする田んぼやイネの「状態」に合わせて「方法」を組み立てていくことが大事だ。本章では、秋処理や有機物施用、育苗、田植え、田植え後の管理など、めざすべき「状態」やそのための技術的ポイントについて述べていく。

1 イナワラ分解の重要性と秋処理

(1) イナワラが分解すると雑草がおとなしくなる

序章では、異常還元によってイネが弱り、雑草が元気づく、と述べた。異常還元の原因は、イナワラの分解状況や有機質肥料の使い方の問題がほとんどである。イナワラは長い年月をかけて分解する有機物であるがゆえに、その分解を促す秋処理（耕耘と排水）が重要となる。

室内実験の興味深いデータを紹介する。収穫後のイナワラの溶出液はイネの発根を抑え、コナギの発芽を促すが、イナワラの分解が進むにつれて水稲根が伸び、コナギの発芽率が少なくなった（表1）。石嶋ら（2005）は、イネのヌカ、ワラ、もみがらからの抽出物にはコナギの発芽を促す作用があることを報告した。加えて、ワラとヌカを土壌表層の端に局所処理した区は、無処理区に比べてコナギの出芽が促進されたことを報告している。

このメカニズムについては、Yokota *et al.*（2014）は、もみがら抽出物は、アミノ酸とリン酸の混合物または酵母抽出物のいずれかで置き換えることができ、もみがら抽出物は細菌（バチルス属、ペドバクター属、パントエア属およびスフィンゴモナス属と同定）の繁殖を促進し、細菌がコナギの種皮を消化し、発芽を促進すると結論づけている。

我々の実験（阿部ら 2015）でも、収穫後イナワラでは石嶋らの結果と同様の傾向であったが、土づくりの期間を長く取ると、イネがより元気になってコナギはおとなしくなるようだ。

(2) イナワラはイネの地力チッソ源

イナワラなどの残渣は、地力の維持に役立つ身近な材料である。イナワラは難分解性の物質を含むため、完全に分解するには年数を要する。イナワラなどの有機物を毎年還元していくと、1年目こそチッソ飢餓などの影響でマイナスとなるが、年数の経過とともにチッソ量が漸増して安定化してくる（図1）。このようにイネ残渣は、地力チッソとしてイネに利用されるが、異常還元による養分吸収阻害が起きない

表1　イナワラの分解率がコナギ発芽率と水稲根長に与える影響　（阿部ら 2015に加筆）

イナワラの土壌培養期間	畑水分条件でのイナワラ分解率（%）	コナギ発芽率（%）		水稲苗根長（mm）
		明条件	暗条件	
収穫後イナワラ	0	80.0	46.7	39
500℃（松本市の春耕相当）	29	50.0	13.3	110
1,500℃（松本市の秋耕相当）	53	43.3	1.7	144

注1）イナワラを長野県松本市の灰色低地土土壌に一定期間混合（最大容水量60％に土壌水分を調整）して分解させたものを回収し、水で溶出した液を寒天培地にしてイネの発根とコナギの発芽を計測した
注2）イナワラの土壌培養期間は積算温度500℃日、1,500℃日とし、ともに5℃の冷蔵庫内で500℃は100日、1,500℃は300日経過させて再現した
注3）数値は平均値を示す

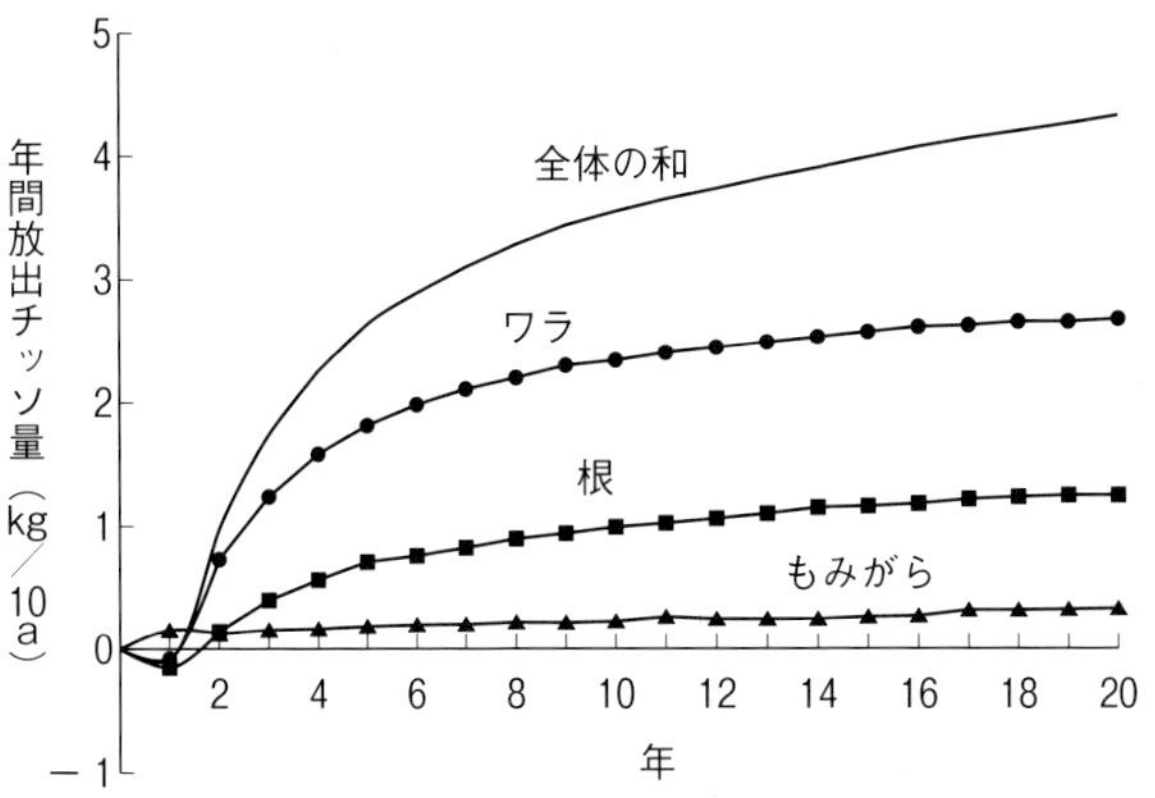

図1　ワラ、根、もみがらを土壌に毎年還元した時に放出される無機態チッソ量の推移　（西尾 1997）

注）玄米500kg/10aの収量を上げた場合の例

ように、田植えまでに問題ないレベルまで分解させておくことが肝要である。

余談であるが、ある地域では有機質肥料無施用で8俵／10a取れた例があるらしい。当センターでも、20年以上にわたってイナワラと根を含む刈株の還元だけで6～7俵／10a取っている圃場がある。この数字は、長野県の収量の6～7割程度なので、収量が特に高いわけでもないが、序章の冒頭でイネが吸収するチッソの6～7割は地力チッソと述べた点と整合する事例である。

ただし、圃場への養分供給については、イナワラ残渣のほかにも、砂塵の飛来や灌漑水、土のなかの岩石の風化、微生物や土壌動物などの活動による供給など、多くの評価が必要である。

(3) 田植えまでに5割の分解をめざす

① 積算温度は1500℃日以上

序章では、イナワラの分解率が高い田んぼと低い田んぼでのイネの生育の違いを示した（⇩11ページ）。その試験データを詳細に見てみよう。

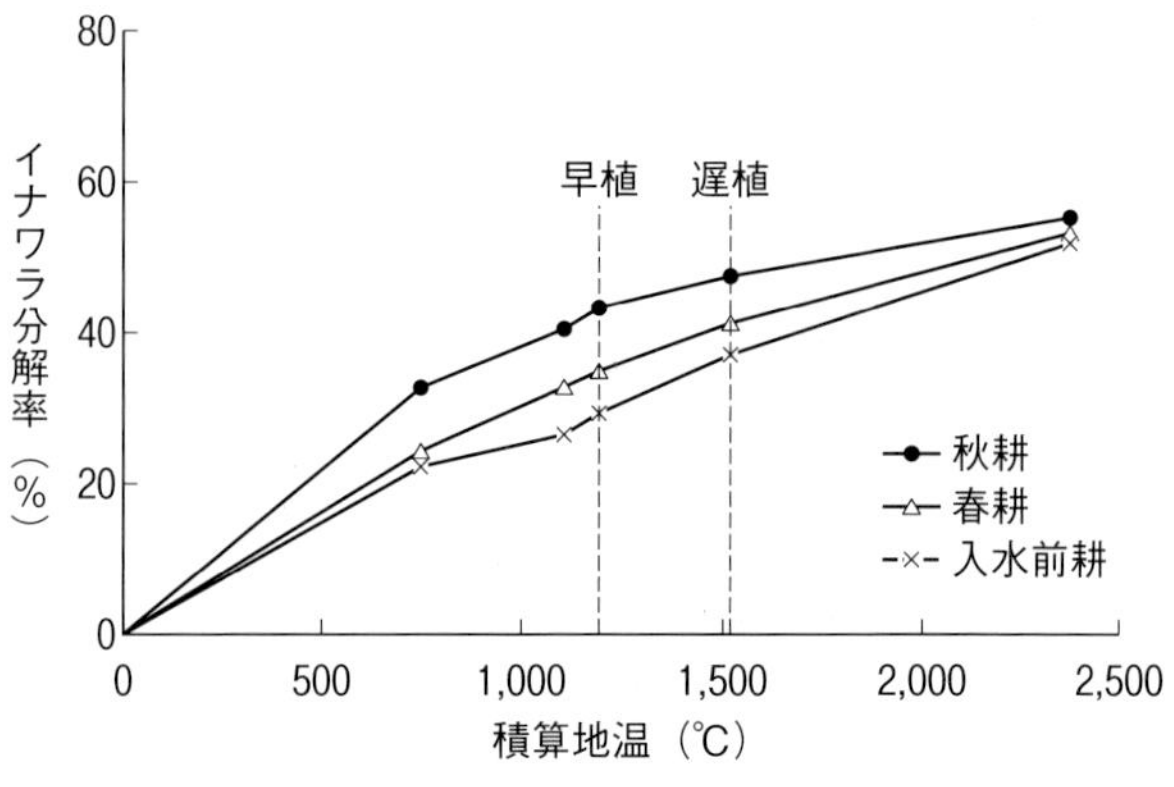

序章のモデル実験と同様、圃場試験においても1500℃日程度になると秋処理したイナワラはおよそ50％が分解した（図2）。耕耘（イナワラすき込み）から田植えまでの期間が長いほど田植えまでのイナワラ分解率が高く、田植え後の分解率は低くなる（図3）。

田植え以降に分解が進む割合が高いと（図3）、イネの生育は抑制され雑草が多くなる関係が見られた（図4）。

したがって、イネの生育を優先させて雑草害を軽減するには、田植えまでのイナワラ分解率45～50％くらいを目標としたい。

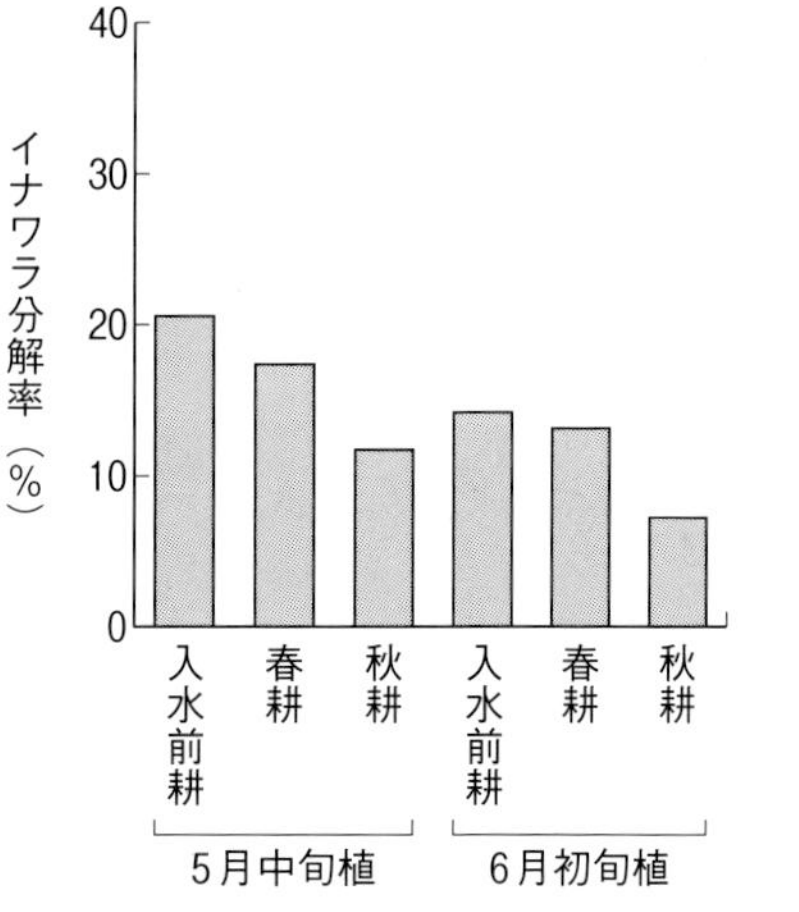

図2　積算地温とイナワラ分解率の経過
（農林水産技術会議事務局 2014 から作図）

図3　田植え～出穂30日前までのイナワラ分解率　（農林水産技術会議事務局 2014）

② 水分は畑の土壌をめざす

イナワラの分解は、土壌水分量によっても変わってくる。土壌水分が畑水分（水田裏作栽培ができる水分。◆最大容水量60％）の処理は、飽和水分（最大容水量100％）の処理よりイナワラの分解が進んだ（表2）。

次に、コナギの出芽率を見てみよう。イナワラを混合して直後に代かきした土壌では、コナギの出芽率が高かった。

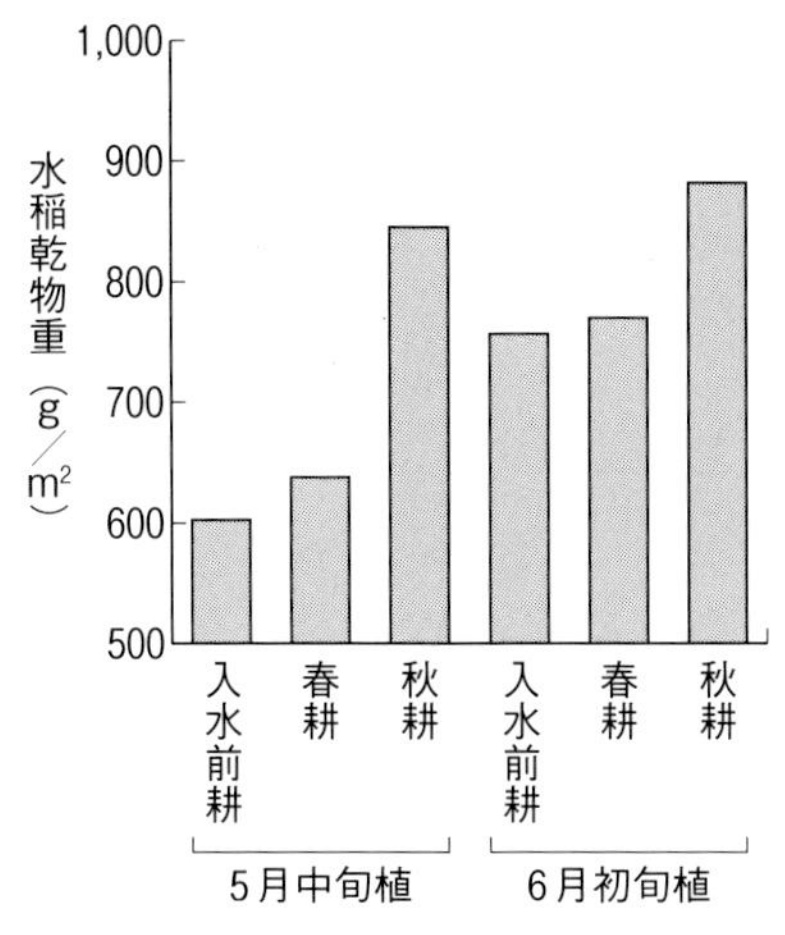

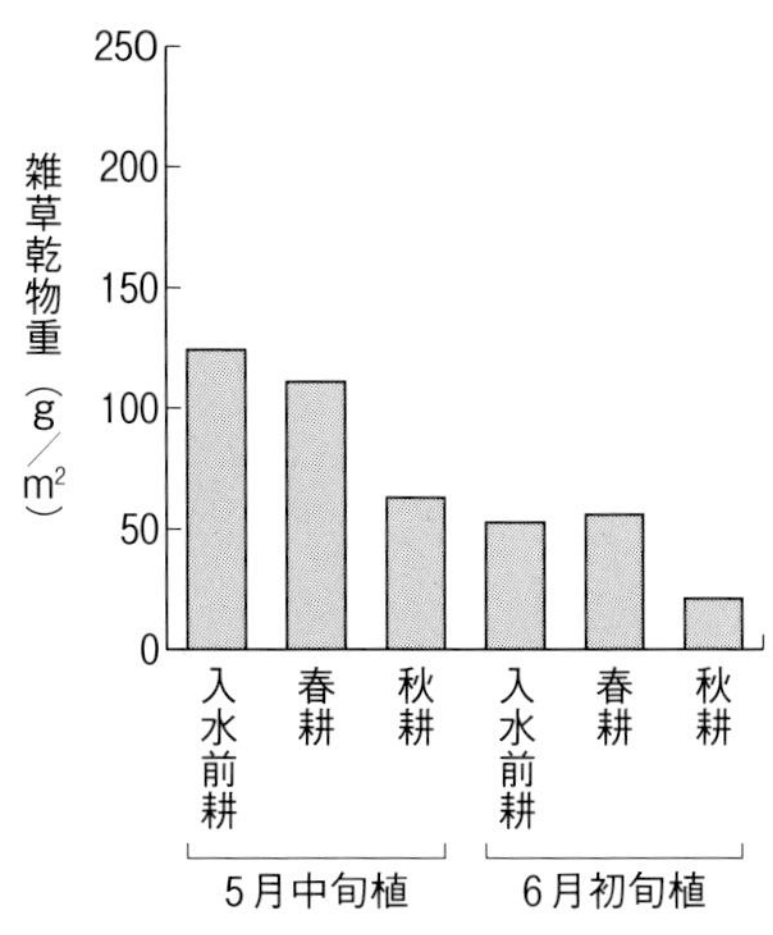

図4　出穂期の水稲および雑草乾物重　（農林水産技術会議事務局 2014）

表2　イナワラ添加土壌の培養期間と水分条件がコナギの出芽に与える影響

（農林水産技術会議事務局 2014）

土壌培養条件注1)		イナワラ分解率（%）		コナギ出芽率（%）注2)
積算日℃	最大容水量（%）	培養後	代かき25日後	
0（収穫後イナワラ）	−	0	28.1	74.6
1,000（5℃・200日）	60	40.2	57.8	39.1
	100	29.5	59.0	61.5
1,500（5℃・300日）	60	51.0	72.5	36.8
	100	43.2	62.7	62.4

注1）新潟県十日町市水田のグライ低地土土壌を用い、所定の最大容水量を維持して培養した（培養後）。代かき後は25℃を25日間維持した（代かき25日後）

注2）出芽率は発芽率98％のコナギ種子を代かき後に播種し、埋土種子の出芽数を減じ算出した

いっぽう、混合した後、積算◆温度で1000℃日ないし1500℃日経過したイナワラ混合土壌では、イナワラの分解が進み、畑水分（最大容水量60％）のほうが飽和水分（100％）よりコナギの出芽率は低下した（表2）。

実験に使用したグライ低地土は、一般に地下水位が高く排水性が悪い土壌である。しかしながら、裏作のムギが発芽するような畑の土壌水分維持をめざすことでイナワラの分解は進み、コナギの出芽率は下がる。

つまり、地下水位が高い田んぼや粘土含量が多い土壌など排水性の悪い田んぼほど、非栽培期間の排水対策が重要となるということだ。

◆は「ことば解説」参照

③ 秋処理の留意点

前述の通り、イナワラの分解率は45〜50％を目標とする。そのために、耕耘（イナワラすき込み）から田植えまでの間に積算温度1500〜1800℃日を確保し、畑水分をできるだけ維持するように排水対策を取る。栽培暦の設計では、この目標にかなう秋の耕耘から田植えまでの期間を確保しつつ、品種や登熟温度も考慮しながら設計する（詳しくは第2章）。

ただし、土壌水分が高い時に耕耘をするとイナワラを土壌に練り込むことになってしまい、通気性と排水性が悪くなって分解が遅れる。コンバインで収穫する時にも土壌水分に注意しないと轍ができて田面が荒れて滞水し、耕耘時期が遅れてしまう。

雨や雪の多い日本海側では、浅くすき込んで乾きやすくし、秋処理時には明渠を掘って排水口とつなげるなどの排水対策を行なおう。反対に、冬に乾燥する太平洋側では深めにすき込むなどして水分保持に努めるといった調整も必要と考える。

このほか、高地や寒地など、耕耘から田植えまでの期間に積算温度が不足する場合は、イナワラを持ち出して堆肥化して施用したり、あるいは畜産農家と連携して完熟堆肥と交換し、田植えの1カ月以上前に施用したりすることで生産が安定する。上記留意点については、第3章に具体的方法を記載する。

2 有機物施用とその効果

(1) 肥効のイメージと有機物施用のポイント

序章では、有機イナ作は品質面や雑草との競合との観点から初期生育が重要と述べた。しかし、地力チッソの発現が地温に左右されるため、慣行栽培に比べて生育初期は遅れがちとなる。この有機イナ作の特徴に対応する方法が、施肥、田植え時期（温度）、および栽植密度（株間）である。ここでは施肥に注目しよう。

図5は、水田におけるチッソの発現パターンのイメージである。温暖地はこの図よりも左肩上がり、寒冷地では右肩上がりになろうか。安定生産や品質向上を図るためには、生育期間を通じて過不足なくチッソが供給されることが栽培上の要点の一つである。

そのためには、不足が予測される時期に有機質肥料（米ぬか、油かす、魚粉やそれを混合してボカシ化したもの、市販粒状有機質肥料など）で補うことも選択肢の一つだ。例えば、イネの初期生育を助けるのに田植え後の有

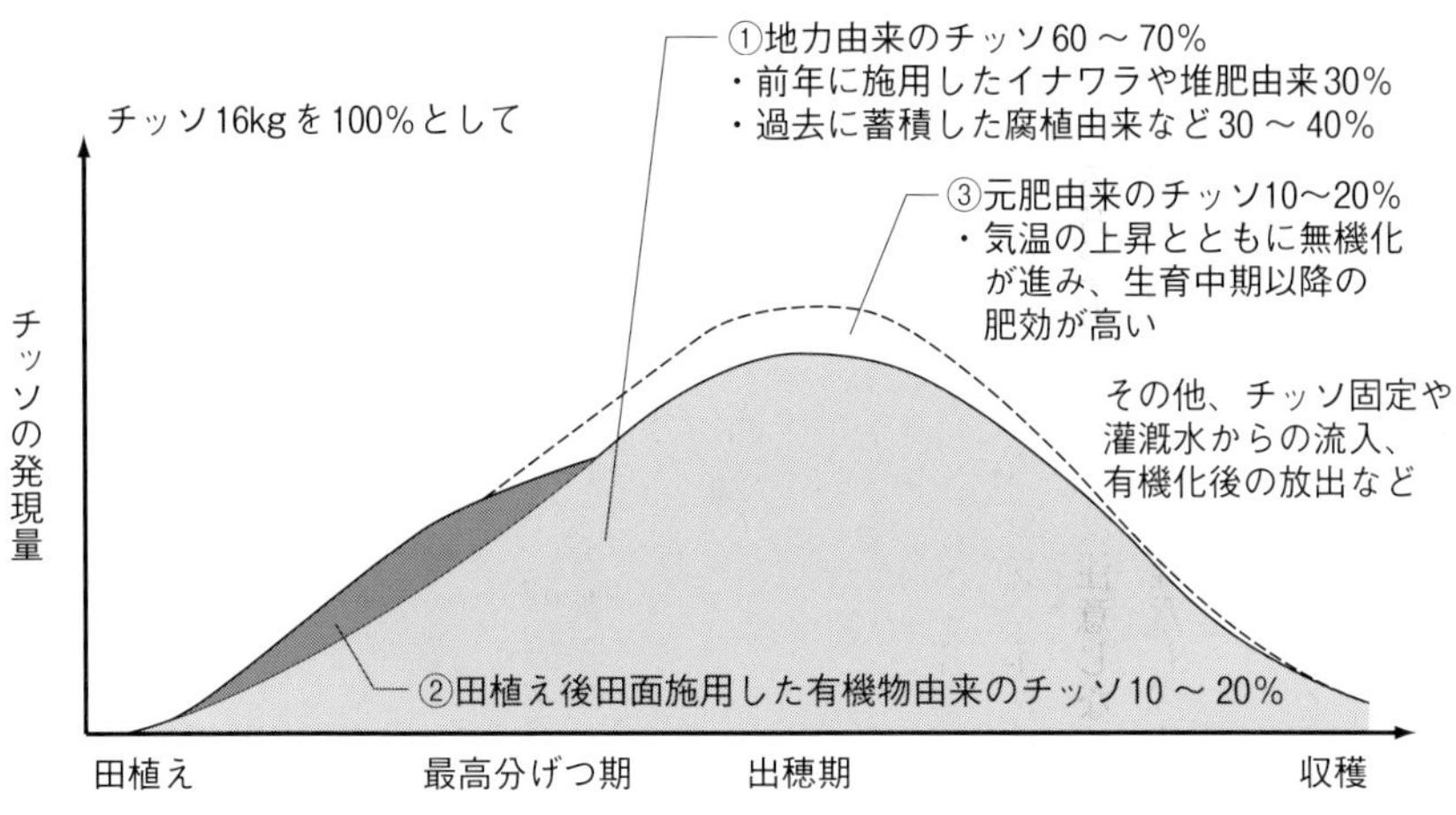

図5　水田におけるチッソの発現パターン（イメージ）

注）イネが1作で吸収するチッソを16kg/10aとした

機質肥料の田面施用が挙げられる。

元肥は中期の生育を支えるが、田植え時の気温が低いため、初期生育の時期には十分な養分を供給できない場合があるので、田面施用はそれを補う。有機質肥料の質（例えば◆C／N）や施用時期、すき込み深度によっても分解速度や肥効が変わるので、田植え後に分解しやすい有機物を土壌中で最も温度が上がる田面に施用して分解させて肥効を確保し、初期生育を促すなど理にかなった方法だ。

注意すべきは、イネの吸収能力以上に養分が供給されると、余った養分は雑草に利用されるリスクが高まることだ（⇩42～43ページ）。養分余りは、過剰な施肥や異常還元によるところが大きい。肥料も有機物であることから、分解しながら養分を放出する。その間に有害な酸やガスがイネの根の付近に発生しては困る。

また地域性として、寒冷地（高標高地）では地温が上昇するまで有機質肥料の効きが悪いために初期生育の確保が問題となる。いっぽう、温暖地では地温・水温が高く有機物の分解が早いため、有機物分解によるガス湧きに注意が必要である。地力が出にくい時期のみスポット的に施用すれば、養分余りを回避することにつながる。

(2)　元肥は秋と春で効果とリスクが違う

有機質肥料は、施用された後、分解とともに肥効が出る。秋の施用は、田植えまでの間に分解が進むため、脱窒や溶脱によるチッソのロスが多いもの

◆は「ことば解説」参照

の、異常還元のリスクは小さい。いっぽう、施肥を入水に近づけるほど肥料効果が高まるように見えるが、異常還元のリスクは高まる（図６、写真１）。

もう一つ、耕耘と施肥の時期の違いによっても、養分供給やイネと雑草の関係に影響がある。クログワイやオモダカ、イヌホタルイが優占種となっていた黒ボク土水田で行なった試験によ

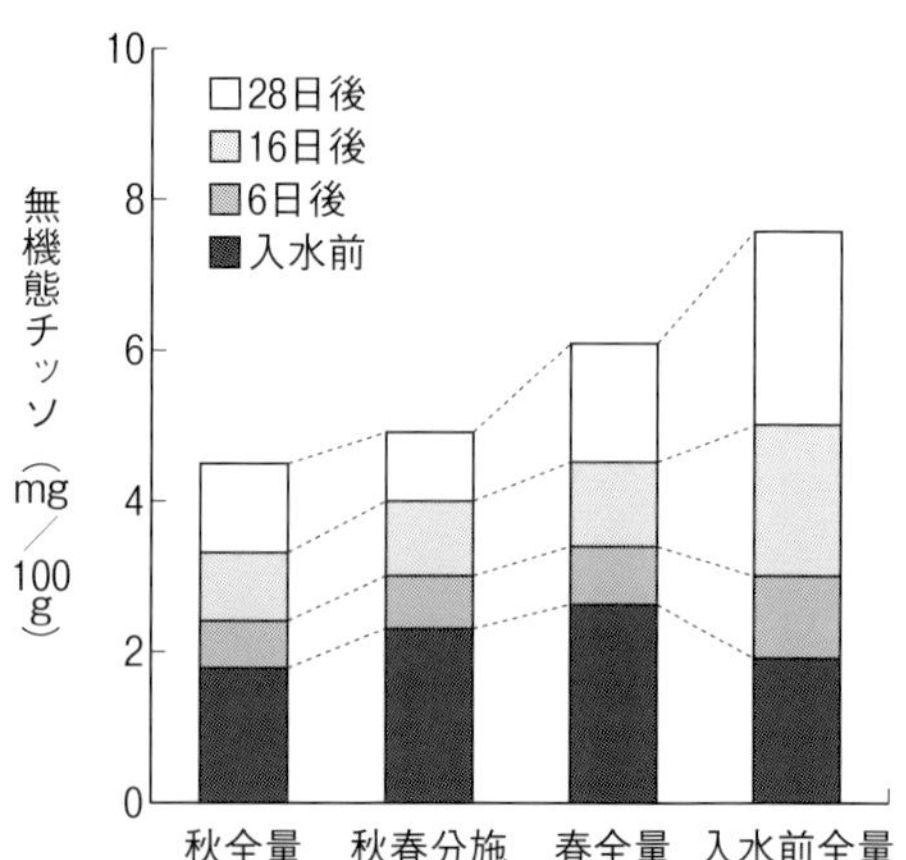

図６　施肥時期と田植え後のチッソの無機化　（加藤ら 2002より作図）

田植え２日前に有機質肥料をすき込み　　田植え２日後に有機質肥料を田面に散布

写真１　有機質肥料の施用時期と位置の違いによるイネと雑草の競合

注１）長野県松本市標高650mの灰色低地土水田での試験

注２）秋イナワラすき込み、本葉4.5枚の苗を6月上旬に田植え

注３）ともに上が全景・下が株元

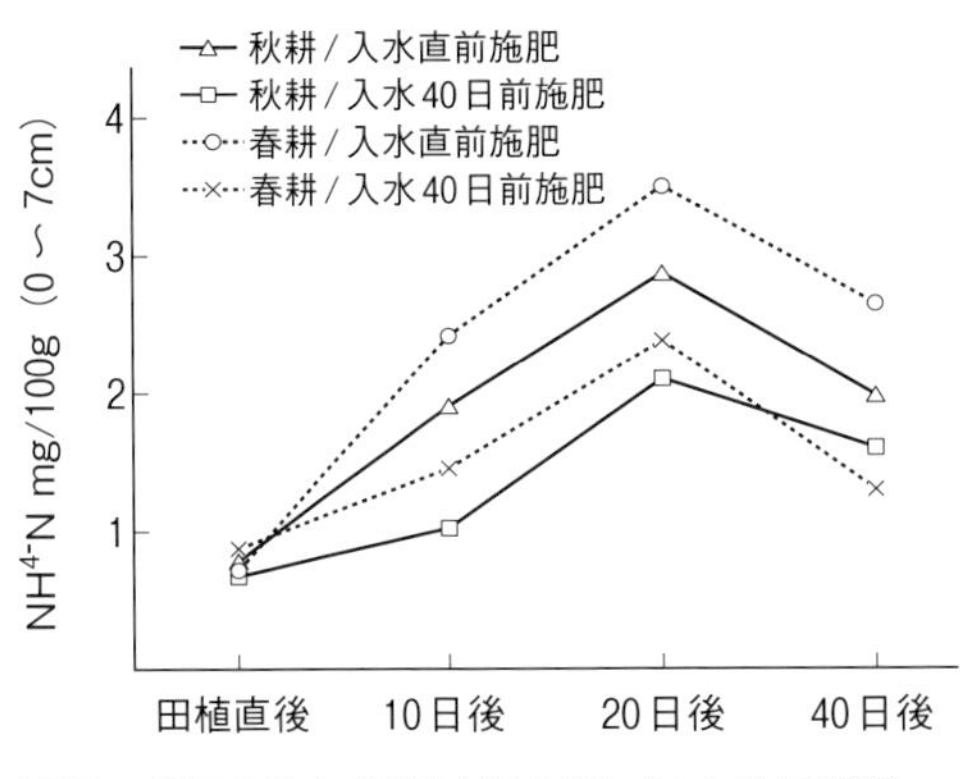

図7　耕耘方法と施肥時期の違いによる無機態チッソの変化　（三木ら 2008）

ると、耕耘や有機質肥料の施肥を行なう時期の違いは、初期の養分供給量の大小に影響を与える。秋耕耘が春耕耘に比べてチッソの供給が劣るのは、排水性がよくなることによる脱窒◆や溶脱◆の影響だろう。また、入水期に近い施肥（米ぬかと油かすを混合）は、養分供給量を増やす（図7）。

さらに、秋耕耘と入水前施肥の組み合わせは、多年生雑草の密度を抑えると同時に、初期の養分供給量を増やした。加えて、適期の初期除草を行なうことで、水稲の収量がさらに増加して雑草害を軽減できた（図7、図8）。

この試験の結果から、耕耘や有機物のすき込み時期などが、養分供給やイネの生育、雑草競合と複雑に関係していると言える。

このほか、施用する深さ（耕耘深度）にも注目したい。地温は地表面に近いほど温かくて酸素が多いため生物活性が高く、一般的に、浅く施用すると早めに肥効が現れ、早めに収束する。いっぽう、深く施用するとゆっくりと持続的に肥効が現れる。いずれにしても、イネに有利に、雑草には不利に働くように方法を選択しなけ

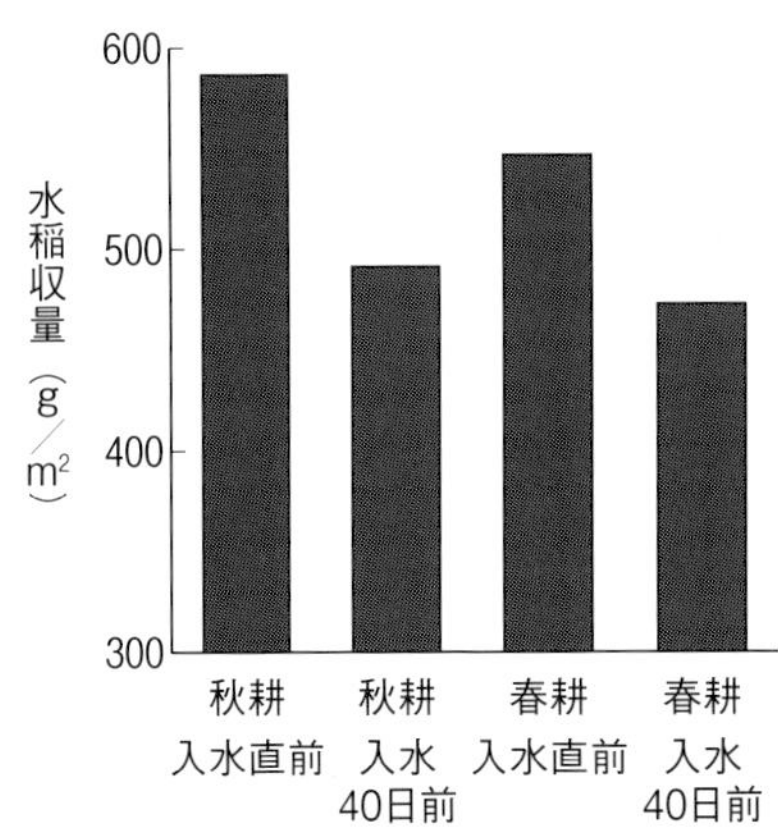

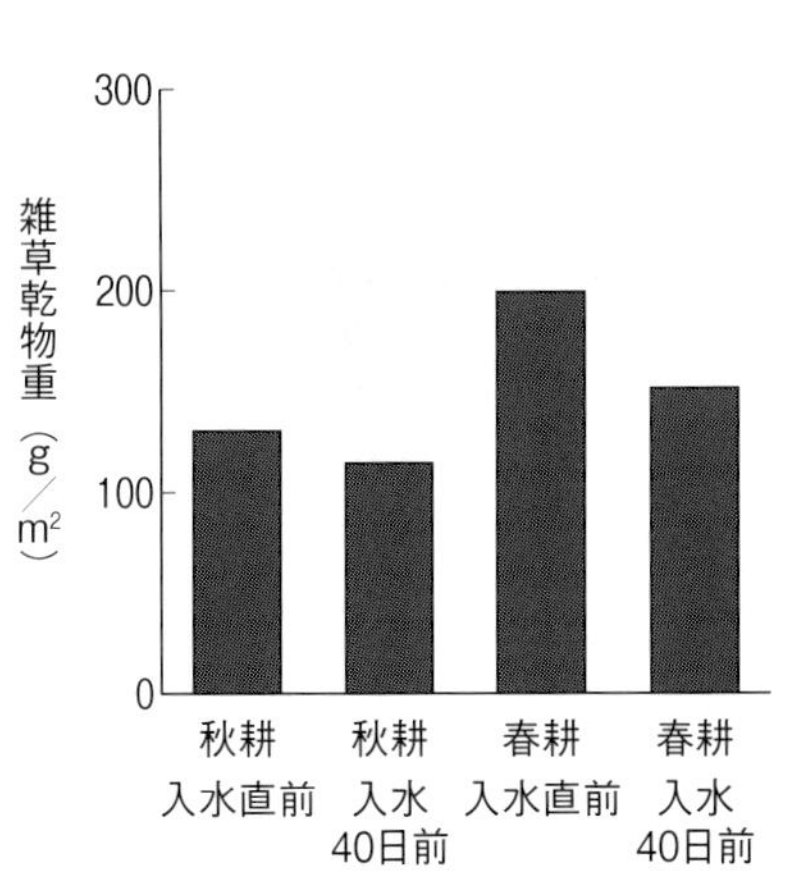

図8　耕耘方法と施肥時期の違いによる水稲収量と雑草乾物重　（三木ら 2008）

◆は「ことば解説」参照

ればならない。

(3) 追肥の考え方

① 田植え後の田面施用

田植え後の有機質肥料の田面施用は、「米ぬか除草」に代表されるように広く抑草技術として利用されている。

写真1で紹介した試験データを見ていただこう。米ぬか除草の効果は、分解にともなって土壌表面が酸欠状態になることや、有機酸が発生することにより雑草の出芽や伸長を抑えることによると言われている。このうち土壌表面が酸欠になることは、酸素要求度の高いノビエなどの水田雑草には効果が高いと考えられる。

有機酸の効果はどうであろうか。田面に施用された有機質肥料により0～2cm土壌（雑草の発芽深度）で有機酸が検出され（図9上段）、2～4cm（水稲根の移植深度）ではあまり検出されなかった（図9下段）。そして5月中旬施用（図9左）よりも6月上旬施用（図9右）では0～2cmの有機酸の量が増えている。よって、暖かい時期の施用のほうが有機酸による抑草の効果は高まる可能性がある。

しかしながら、有機酸が出るのは施用後せいぜい3日くらいであり、仮にその期間に発生する雑草には影響があったとしても、それ以降に発生する雑草には期待が持てない。このことから、筆者は有機質肥料の田面施用で発生する有機酸による抑草効果は小さいと見ている。

なお、田植え2日前にすき込んだ場合は、0～2cmと2～4cmのいずれも有機酸が検出され、その量は5月中旬よりも6月上旬のほうが多く、田植え直後のイネの根に影響があったと見られる（データ省略）。

ここで注目したいのは、肥料効果である。施用5日後までは0～2cmでチッソが多く生成し、2～4cmでは漸増した。そしてそれは5月中旬より6月上旬で多かった（図10）。これは、田面に施用した有機物が分解されて養分が下に浸透したこと、暖かい時期の施用はチッソ供給量が増えることを示していると考えられる。また、イネの根がある2～4cmでは徐々にチッソが供給されるため、イネのチッソ要求パターンに比較的近く、養分余りが起きにくいと思われる。

このほか、有機質肥料の田面施用により、イトミミズによる活動量が増加することで地表面が盛り上がり（原田ら2001）、雑草種子が埋没するため雑草が生えにくくなることも考えられる。

このように、米ぬか除草など有機質肥料の田面施用は、有機酸の生成の効果が短く除草効果は高くないものの、

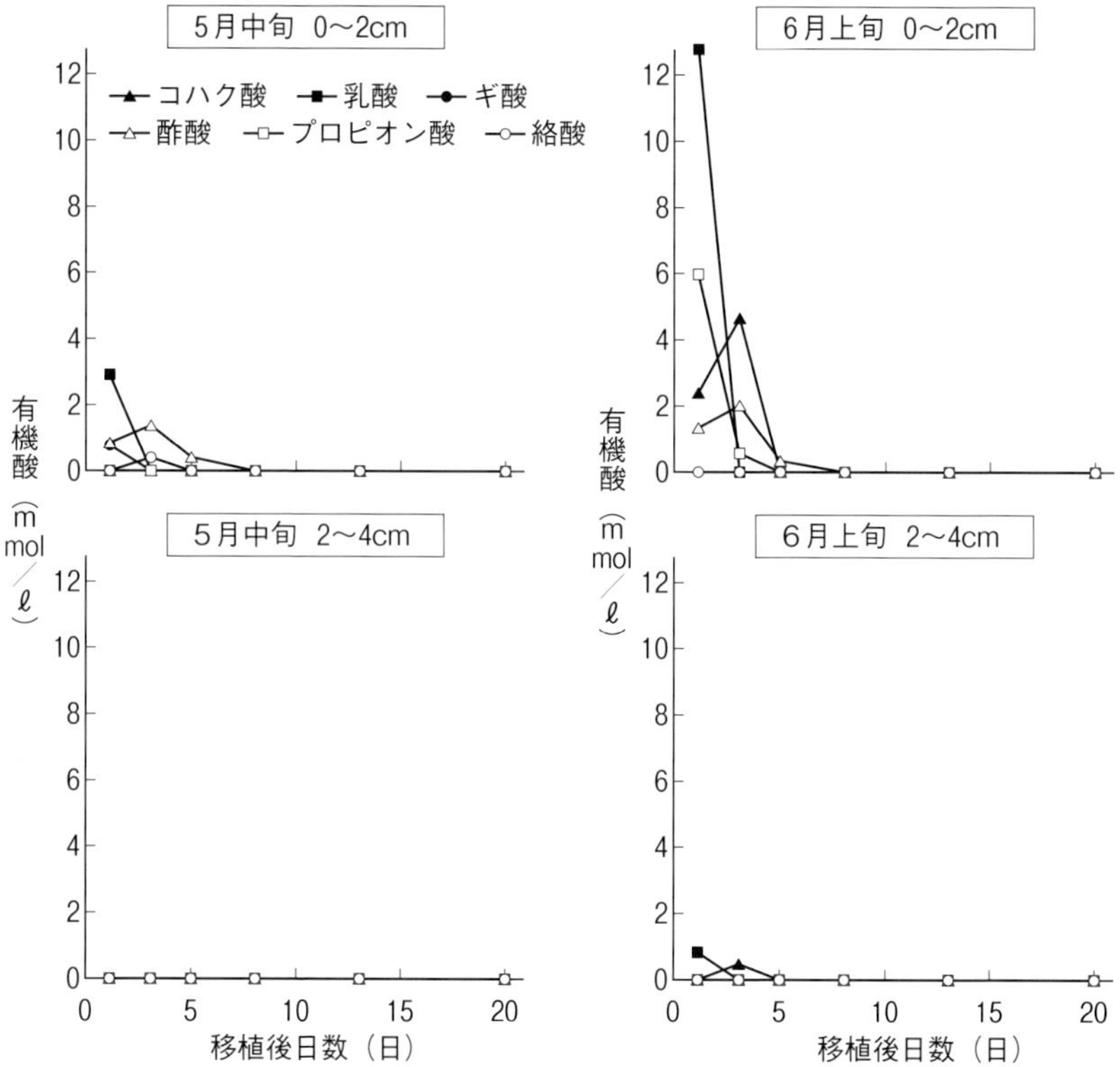

5月中旬　0〜2cm
6月上旬　0〜2cm
5月中旬　2〜4cm
6月上旬　2〜4cm
コハク酸
乳酸
ギ酸
酢酸
プロピオン酸
絡酸
有機酸（mmol／ℓ）
移植後日数（日）

図9　有機質肥料を田面に施用した水田土壌における有機酸の経時変化　（加藤ら 2008）

注1）施用した有機質肥料は米ぬか19：魚かす1の割合で混合し、事前に嫌気発酵させたものを施用

注2）定期的に土壌をシリンジにより構造を壊さないように採取し、深さ0〜2cmと2〜4cmの土壌を遠心分離し、その上澄み液に含まれる有機酸を高速液体クロマトグラフィーにより測定

5月中旬
6月上旬
0〜2cm
2〜4cm
アンモニア態チッソ（ppm）
移植後日数（日）

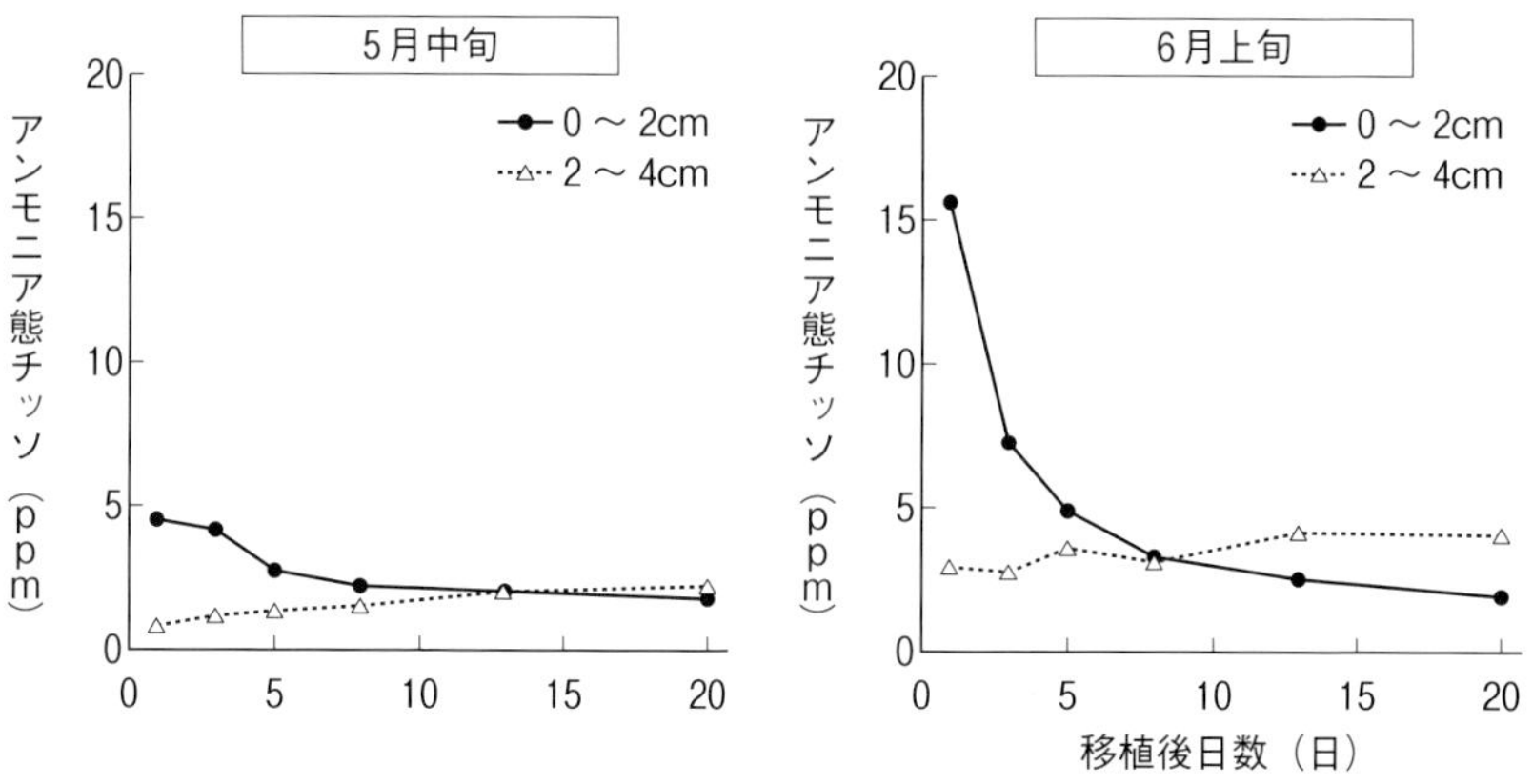

図10　有機質肥料を田面に施用した水田土壌におけるアンモニア態チッソの経時変化

（加藤ら 2008）

イネへの養分供給効果による雑草との競争力の向上や、土壌還元の発達による酸素不足、イトミミズなどの水生生物の活動を高めることなど、複合的に効果が出ているのだと考えている。

ただし、注意点がある。その一つは、序章で述べたように、異常還元を回避したうえで実施することだ。そうしないと、異常還元によるイネの根傷みによって養分を吸えずに、雑草への養分供給効果となってしまう。

もう一つは、3・5葉以上の中苗または成苗に対して施用することである。中井ら（2009）は、葉齢の進んだ充実度の高い苗は土壌還元が発達した条件下における適応力が高く、米ぬか土壌表面処理による活着不良を回避できた、としている。当センターの研究（三木ら 2011）でも同様の結果が得られており、少なくとも不完全葉を除く3・5葉以上の苗を用いることが必要である。土壌還元が発達した状態での稚苗の利用は、生育遅滞を起こすので危険である。

② 穂肥

有機イナ作の場合、穂肥の実施は慎重に判断したほうがよい。穂肥は肥効のタイミングが遅れれば玄米中のタンパク含量を上げて食味低下のリスクがあり、早いと下位節間が伸びて倒伏のリスクが上がるからだ。しかも厄介なことに、有機物の分解は温度により左右されるため、タイミングよく養分を効かせられるかはお天道様にしかわからない。

したがって、地力の高い肥沃な土壌を育てることを主眼とし、夏場の気温の高い時期に地力チッソとして十分な栄養が供給できるようにしておくことを基本にする。

ただし、砂質土壌など養分保持力が小さい圃場などでは、穂肥を行なったほうがよい場合もある。その場合の追肥の判断としては、葉色カラースケールを活用した方法や、イネのヨードでんぷん反応を利用した追肥診断法などがある。

(4)「肥沃な土」と「肥料の多い土」

ここで、「肥沃な土」と「肥料の多い土」について、考え方を整理しておきたい。

肥沃な土とは、作物を生産するために必要な土壌の物理性や化学性、生物性が整った状態である。肥沃な土には腐植（有機物の残りカス）が多く、腐植の多い土壌では、地力チッソとして持続的なチッソ養分の供給が期待される。

地力チッソは、温度の上昇とともに供給される。地力チッソの供給パターンとイネの吸収パターンが合うように栽培できれば雑草が生えにくい。当センターの展示圃場では、地力チッソの供給パターンに近い形の施肥をイメージすることで（図5）、雑草は生えにくいままイネの生育を増進することを実証してきた。

　しかし、それを大きく上回る過剰な施肥をしてしまうと養分余りが起きやすく（肥料の多い土）、余った肥料を雑草が利用し競合が強くなったり、病気が発生しやすくなったり、コメの品質が落ちたりする（図11）。

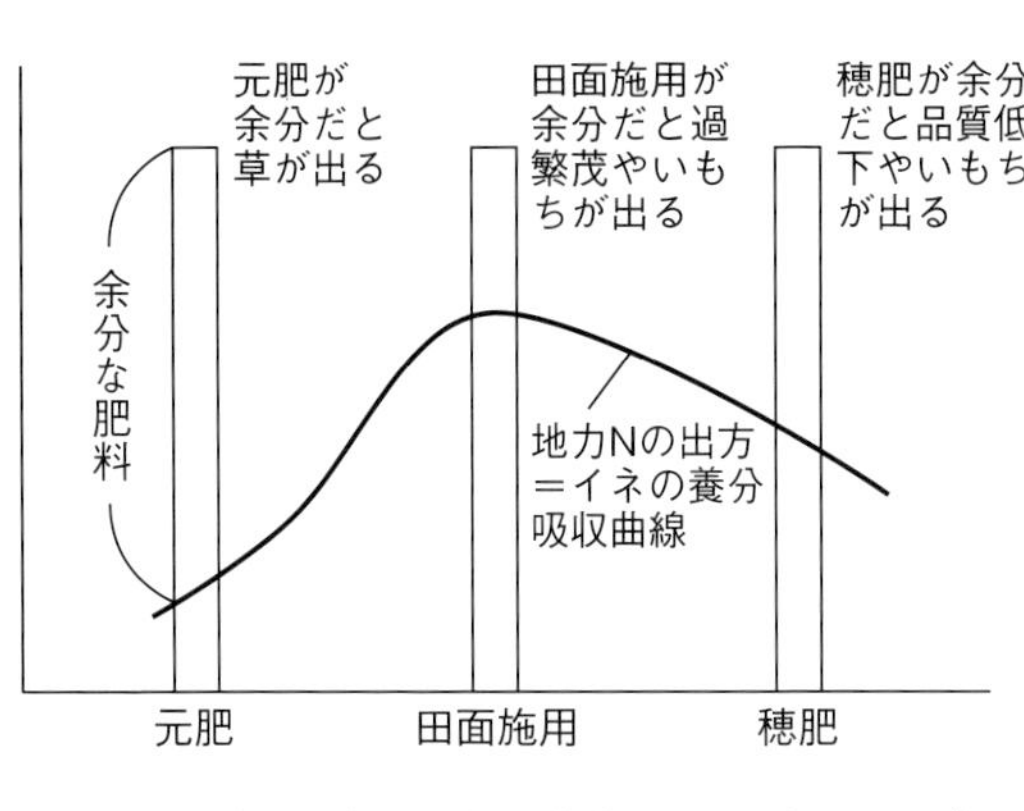

図11　肥料の過多と雑草・病害の関係（イメージ）

3　よい苗を育てる

(1)　育苗のねらい

　日本では古くから移植栽培が行なわれ、現在でも移植栽培が主流である。有機イナ作での育苗のメリットは、やはり、代かき後に発生する雑草よりも生育が進んだ苗を植え付けることで抑草しやすいことにある。そのほか、春先の気象条件の変動が大きい時期に保温可能な苗代やビニールハウスなどの条件で抵抗力の弱い幼苗を育てることができる、生育が早まるために出穂の遅れを回避できる、などのメリットがある。

　有機イナ作では、雑草との競争力や深水管理に対応できるように、不完全葉を除いて3・5葉以上、草丈は15cmの中苗（図12）、または成苗を用いる。軸が太くしっかりしており、第1葉の葉鞘は3〜4cm、下葉の黄変が少ない、箱苗の場合はルートマットが張りすぎないなど、老化や植え傷みの少ない活着力の高い苗質をめざそう。

(2)　よい苗を育てるポイント

①　よい種子を選ぶ

　まず、無病で充実した種子を使おう。そして、よい土を使い、適切な水分、温度、養分管理を行なう。自家採種の場合は、異株や病害株は除去し、もみを傷つけないように採種したら網目選をしておく。そして塩水選や温湯処理など、無病で充実した種子を使う。

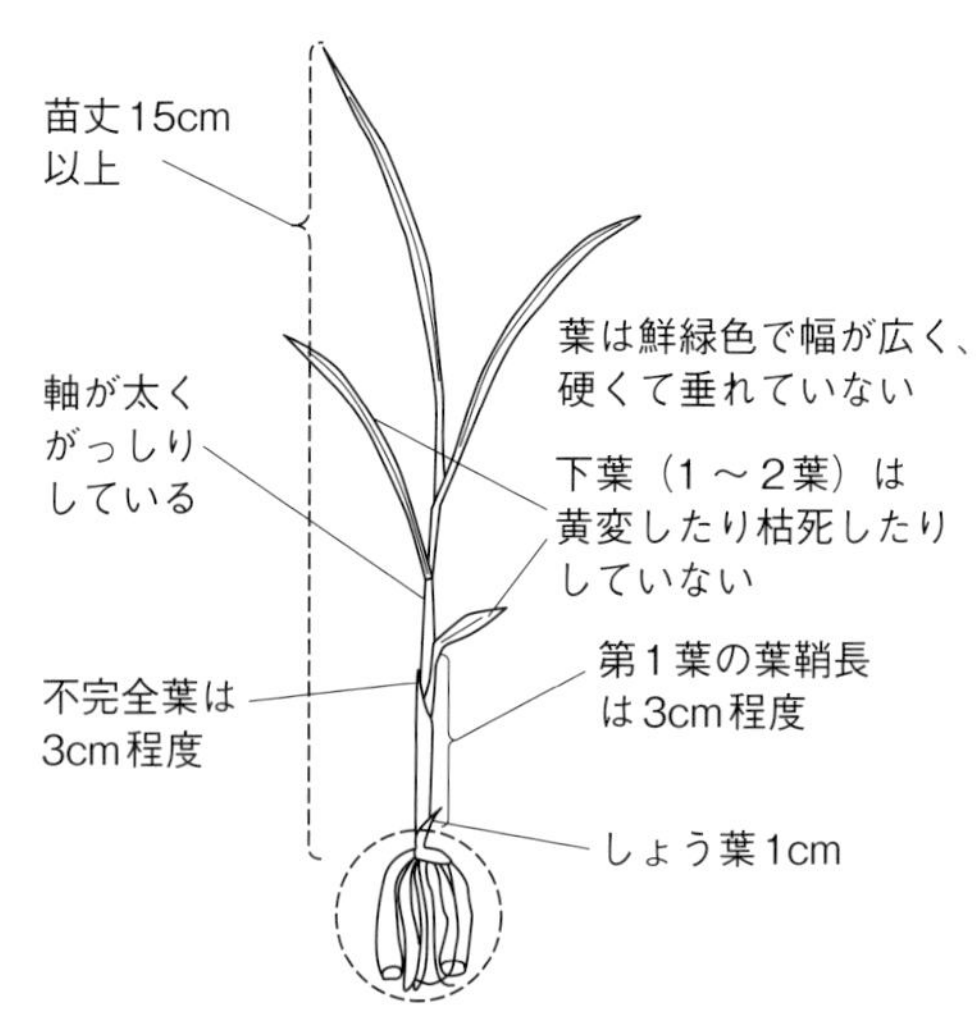

図12　中苗の苗姿の目安

② よい育苗培土を使う

育苗培土は、市販の実績のある培土であれば問題なく使用できるだろう。「よい培土」とは、物理性（水分は少なすぎず多すぎず、水分保持力がある、透水性に優れる、発塵性・撥水性がない）、化学性（pH・ECが適正である、養分供給に優れている）、生物性（カビの発生が少ない、その他苗の生育を阻害する微生物が存在しない）、育苗性能（草丈に対して重量があってずっしり重い、根張りやマット形成が適度、田植え機にかけても問題がない、かき取り後の苗がしっかりしている）などが整った土である。

自家製の培土を作る場合は、以下の2点に注意が必要だ。一つ目は、培土の原土に畑の土を使わないこと。畑の土は、育苗培土としてはpHが高く、微生物の増殖を抑制できない。加えて畑の土は多くの微生物が存在し、病原菌を持ち込む可能性もあるので避けるべきだろう。

二つ目は、原土と有機質肥料を混合した場合に、十分に分解させることだ。播種後の発芽に適した水分や温度条件は、有機物の分解や病原菌の繁殖においても好適な条件でもある。有機質肥料の分解が不十分で土となじんでいないと、出芽不良や、苗立枯病が発生しやすい。また、ECが高いと出芽や根伸びが悪くなるが、低温時の育苗ほど肥効を高めるために養分を多めに与える必要が出てきて上記と相反してしまう。

田んぼで苗代を作る場合は、苗箱ではなく置床に施肥することでこの問題を回避できる。また、無理に早い時期に播種した場合は、温度管理など注意点が多くなるのでおすすめしない。

培土の養分を賄うため、有機質肥料は長い時間をかけて土になるまで熟成させてから育苗培土として用いる。少なくとも暖かい時期である前年の9月上旬までには仕込んだほうがよいだろう。難しければ無肥料培土を用い出芽後に有機液肥で賄うこともできる。育苗培土の作成例は、第3章で紹介する。

③ 遅めの播種で苗の充実度を上げる

播種時期（温度）の違いは苗の充実にも影響を与える。播種時期が暖かいと苗の乾物重が重く、充実した苗になる（表3）。乾物重の重さはデンプンの蓄積量と関係する。徒長や老化、植え傷みがない前提でデンプンの蓄積が多ければ田植え後の発根がスムーズになり、活着が早くなって雑草との「よーいどん！」で有利に立てる。

表3　播種時期の違いとイネ苗の乾物重量

播種日（月/日）	田植え日（月/日）	育苗期間（日）	葉齢（葉）（不完全葉除く）	苗乾物重（g/100本）
4/20	5/15	25	2.3	1.8
3/26	5/15	50	4.1	3.9
5/10	6/4	25	2.4	2.1
4/15	6/4	50	4.4	6.1

注）長野県松本市の自然農法センター農業試験場で育成（2008）

④ 育苗のための水分・温度・養分管理

浸種温度は適正（12〜13℃付近）がよい。低温浸種は出芽が不ぞろいとなるのでおすすめしない。

また、温湯処理と低温浸種は、相性が悪いと考えている。病害リスクを高めないように催芽や播種後の出芽は短い期間でそろえるほうがよい。出芽後は適正な温度管理を心がける（表4）。生育停滞やムレ苗を避けるため、12℃以下の低温を避け、また、昼夜の温度差を大きくしすぎないように管理する。以前、筆者は低温育苗をよかれと思って実施して、ムレ苗だらけ

表4　生育時期別の温度変化に対するイネの反応　（吉田ら 1986）

生育時期	限界温度（℃）注）		
	低	高	最適温度
発芽	10	45	20 〜 35
出芽/苗立ち	12 〜 13	35	25 〜 30
活着	16	35	25 〜 28
葉の伸長	7 〜 12	45	31

注）発芽時を除き、日平均温度を表わす資料

にしてしまった経験がある。

4 田植え時期と適正な栽植密度

(1) 田植え時期の決め方

時期の決め方は、一般的には品種と作期によって決める。ここでは、本州での普通期栽培を念頭に記述したい。

① 移植苗と地力チッソの関係

地力チッソは、温度の上昇とともに発現する（図13）。発現パターン（放物線の程度）や発現開始温度などは田んぼによって多少変わるが、地力チッソ発現のだいたいの目安は15～18℃くらいであろう。

田植え時期の違いは、温度の違いであり、イネの生育に影響を与える。田

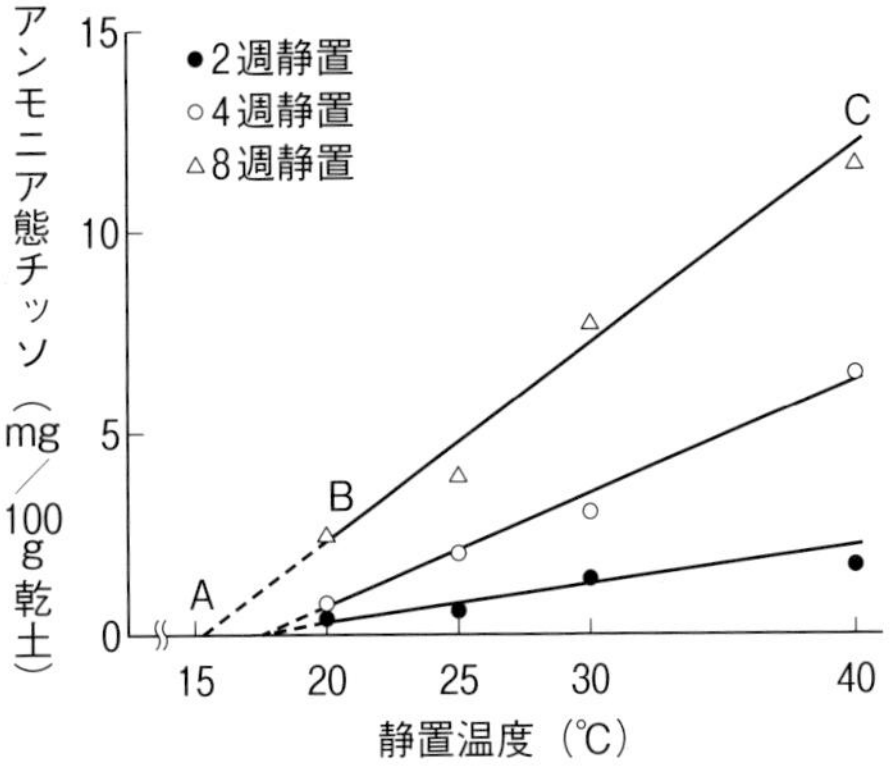

図13　湿潤土壌の静置温度とアンモニア態チッソの無機化量の関係

（吉野ら 1977）

注1）図は鴻巣Ⅱ土壌のもの

注2）有効温度の推定値は、鴻巣Ⅰ土壌は15.5℃、鴻巣Ⅱ土壌は15.5℃、越谷土壌は17.0℃、長野土壌は17.5℃であった

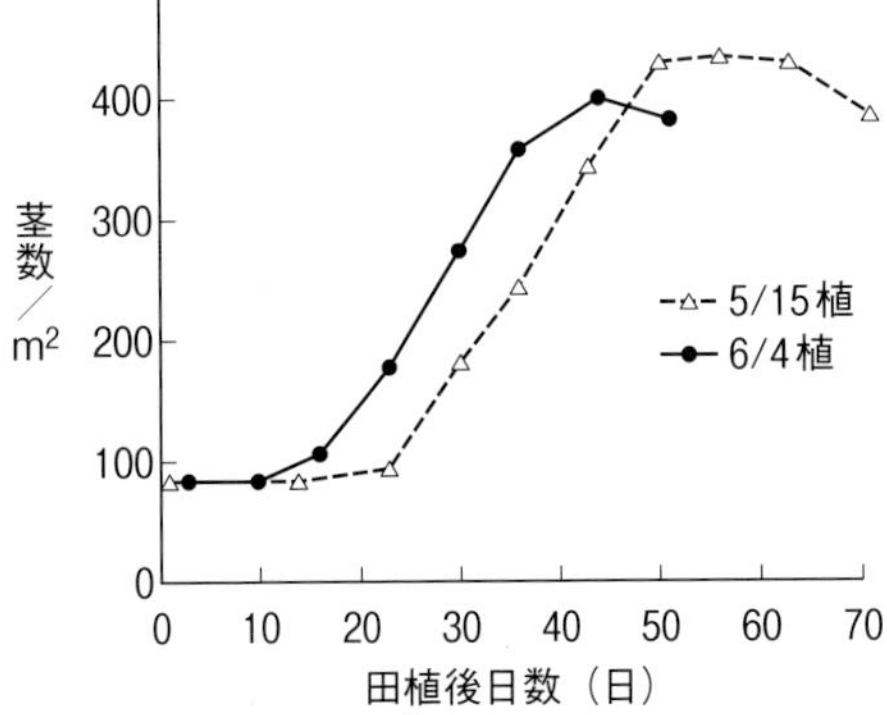

図14　田植えから幼穂形成期までの茎数の推移

注1）長野県松本市、標高650m、灰色低地土

注2）農林水産技術会議事務局 2014より作図

植えから幼穂形成期までの茎数の推移を見ると、5月15日植えの場合は、田植え20日後あたりまでは茎数の増加がほとんど見られず、それ以降から茎数が増加した。6月4日植えでは田植え10日以降に茎数が増加している（図14）。

そこでイネの茎数増加と地力チッソ発現との関係を当センター農業試験場（長野県松本市）で調べてみると、5月15日植えの茎数増加の遅れは、地力チッソが発現する17・5℃になるのにおよそ20日間かかっていることが一因と考えられる（図15）。6月4日植えでは既に田植え時に温度が確保（図15）されており、活着後にすみやかに茎数が増加したのであろう。

活着後スムーズに茎数が増加することは、雑草との競合の観点や品質の観点から有利になる。初期生育を安定させるためにも、有機イナ作では田植え時の温度は重要なのである。当センターでは20℃付近を一つの目安としている。

あわせて、品種の選定も重要であ

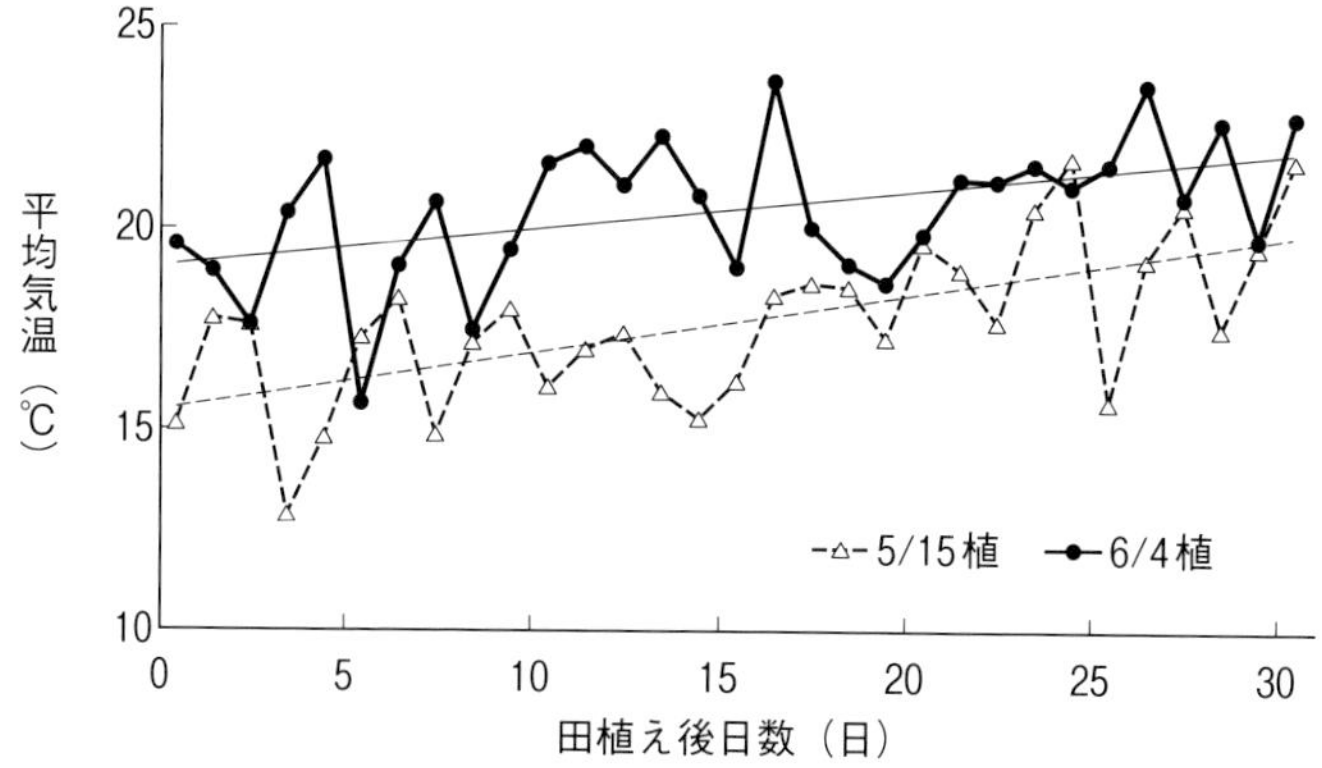

図15　田植え後30日間の気温の推移

注）気象庁の過去のデータ（長野県松本市）から作図

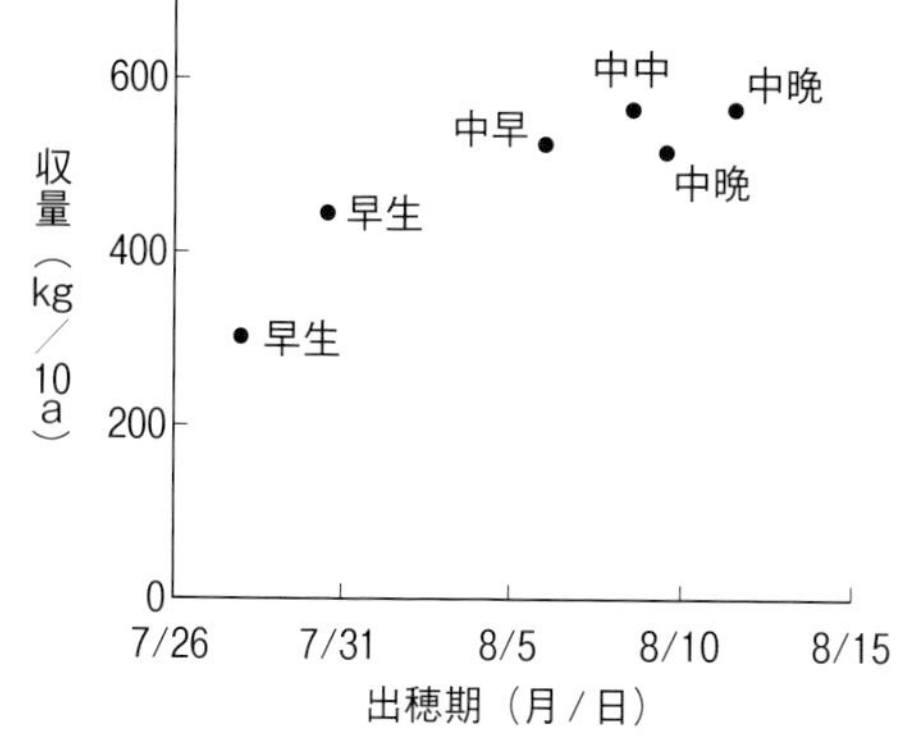

図16　品種の早晩生と収量の関係

注1）長野県松本市、標高685mにある黒ボク土の圃場

注2）2007～2008年に実施。田植えは5月23～25日

注3）品種は左から順に、早生「ゆめしなの」、早生「あきたこまち」、中早「ひとめぼれ」、中中「コシヒカリ」、中晩「キヌヒカリ」、中晩「はたはったん」（当センター登録品種）

る。図16は、早生から中晩までの6品種の収量を当センターで調査した結果を示したものであるが、早生は収量が少なく、中生で収量が安定することがわかる。

この要因の一つとして考えられるのは、品種の早晩性と地力チッソの関係だろう。早生は出穂までの生育日数が短い。有機栽培のイネは秋まさりの生育を示すため、茎数が十分に確保できる前に幼穂形成期に入ってしまうことから収量が少なくなる。いっぽう、中生は生育日数が早生よりも長いので茎数を確保でき、収量が安定しやすい。このことから、有機イナ作では早期栽培が可能な温暖地を除いて中生品種を選ぶのが無難だ。

なお、同じ品種でも地域によって早晩性が異なる場合がある。例えば「コシヒカリ」は、長野県では中生にあたるが宮城では極晩、山形では晩、福島では中の晩、栃木県では早の晩、新潟では中、愛知や福岡では極早となる。

②刈り取り時期や産米品質の観点から

使用する品種を決めるにあたって、イネ刈りまでに十分登熟する好適出穂期に当てはまるかの確認は必要だろう。長野県でコシヒカリを栽培する場合を例にすると、出穂後40日間の積算温度が880℃確保されていれば該当する。

また、品種によって感受性は異なるが、出穂後10日間の気温が30℃以上になる日が頻発すると胴割れ米が発生しやすく、出穂後20日間の気温が26℃以上では白未熟粒が発生しやすい。また、高温での登熟はタンパクやカリ含量が高くなりやすいことから食味にも影響する。

以上のことから、出穂期がいつ頃になるかが刈り取り時期や産米品質の良否に関係するため、出穂期の予測がわかることが好ましい。

出穂の予測には、県によっては生育予測システムを公開していたり、研究成果として生育予測の式が出ていたりするので、それをもとに計算することができる。ただし普及情報として公開されているものは地域の田植え盛期を基準としており、有機イナ作とは時期がずれるため、普及指導センターなどに問い合わせるのも手かと思う。

(2) 適正な栽植密度で植える

田植えにおいては、よい苗を育てることを前提として、時期のほかに栽植密度も重要になる。出穂期に葉面積が多く過剰生育になると登熟歩合が下がったり、気象条件によってはいもち病の感染リスクが高まったりする。そうした事態を避けながら、雑草との陣取

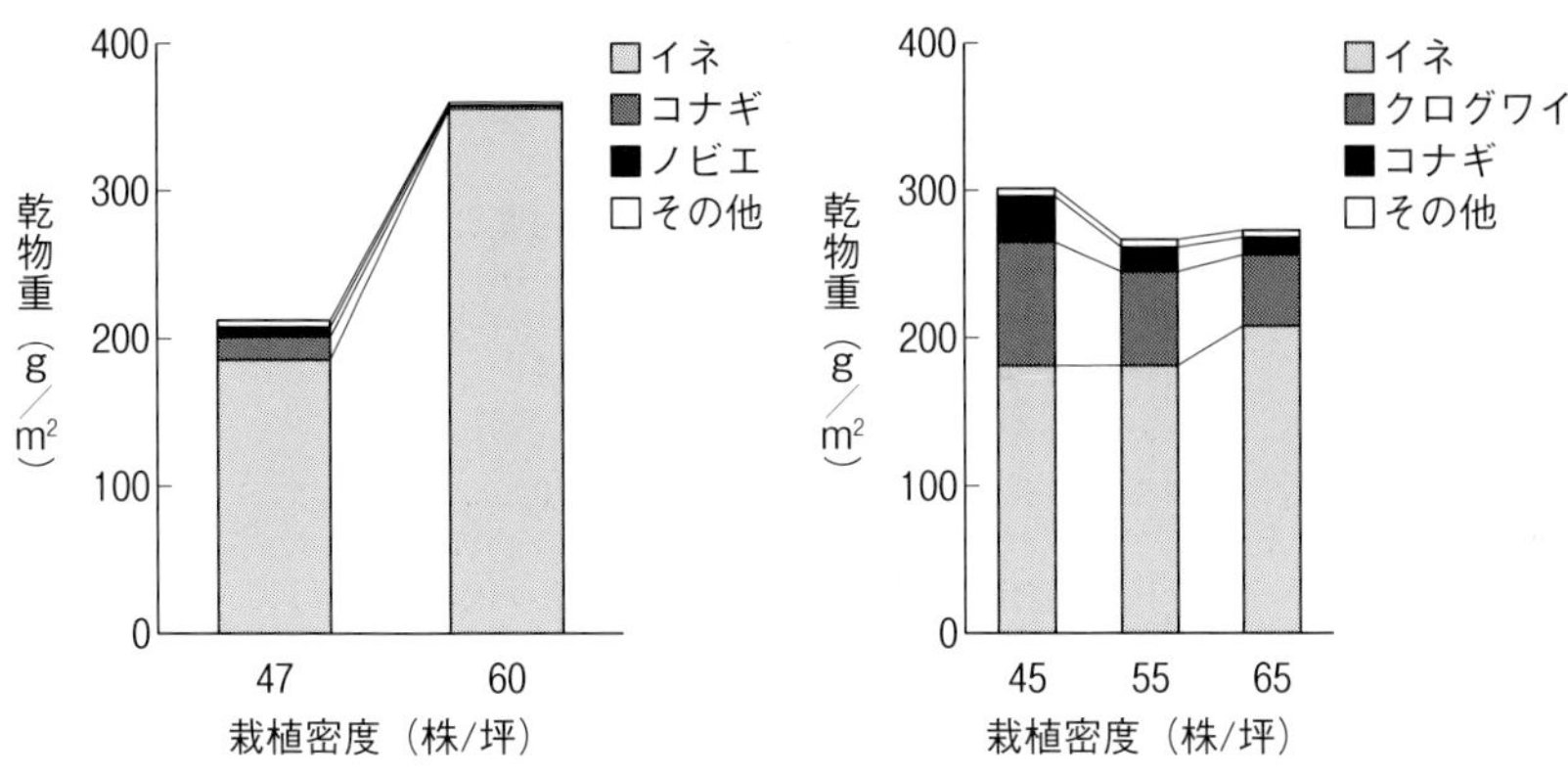

図17　田植え時の栽植密度の違いと幼穂形成期の水稲および雑草乾物重

注1）左図は新潟県十日町市、右図は長野県北安曇郡松川村
注2）農林水産技術会議事務局 2014より作図

り合戦を有利にするためにも、前節までに述べた地力を高める土づくりや施肥量とともに、栽植密度に気を使う必要がある。

最初に、田植え時の栽植密度の違いと雑草との競合を見てみよう。一般に、初期生育が順調で早期に有効茎を確保したほうが雑草との競合では有利である。栽植密度を高める、つまり坪当たり株数を増やす（株間を狭める）と、イネの生育量が増え、雑草は減少傾向となり（図17）、他の研究結果も同様の傾向を示している（古川ら ２０１６）。

また、島宗ら（２０１５）は、水稲の有機栽培において栽植密度を高くすると水稲群落内の相対光量子量（照度）が低下し、それによってコナギの生育が抑制されることを明らかにしている。

このように雑草が多く発生する圃場や肥沃度の低い田んぼでは栽植密度を高めることが生育量確保と雑草競合との関係で有利になる。

では、適正な栽植密度とはどのようなものなのだろうか？ それは最適な◆葉面積指数（単位面積当たりのイネ個体群の全葉面積）を維持しつつ生産効率を最大にすることだ。葉面積指数が低いと光合成の効率は悪く、高すぎても葉身の相互遮蔽も強まって光合成量の増加は鈍り、やはり効率が悪い。これを太陽光発電に例えれば、発電パネル間の隙間が多すぎても、発電パネルが重なり合っていても発電効率が落ちるのと同じである。

適正な葉面積を維持できれば、照度低下による雑草抑制だけでなく、光合成の効率がよく生育や収量面においても安定する。品種や地域によるが、出

◆は「ことば解説」参照

表5　機械田植え用のポット苗とマット苗の利点と欠点

	利点	欠点
ポット苗	・大苗を育成できる ・田植え時に根を傷めないので活着が早く雑草との競争に有利	・播種量が少なく箱数や育苗床面積を広く使用するためコスト高 ・ポット苗専用の播種機や田植え機が必要
マット苗	・集約的に育苗ができる ・田植え時の植え付け本数や栽植密度の調整幅が広い ・播種機や田植え機が中古で入手しやすい	・田植え時に植え傷みを起こしやすく活着が遅れがち ・成苗育苗が難しく、精密播種機でないと欠株が出やすい

穂期の穂数が300～350本／㎡、総もみ数が28～30千粒／㎡が目標となるよう、栽植密度やチッソ施肥量を適正に調節することが重要なのである。

加えて、マット苗とポット苗、それぞれの適性があるので、理解を深めたいところだ。ポット苗にもマット苗にも利点と欠点がある（表5）。よい苗を育て、地域性や土壌肥沃度に応じた適正な栽植密度で植えられる苗を確保でき、経営的にも合理化が図れるよう、育苗方法を選択する。

地域や土壌肥沃度でどのように考えるかのイメージ（状態から方法を決める）を以下に記載する。

①肥沃地や温暖地

肥沃地や温暖地では、田植え後の早い段階から地力チッソの供給が期待できる。そのため、生育過剰による過繁茂と、その後の秋落ちに注意を払う必要がある。生育過剰の対応としては、元肥施用量を少なめにする、大苗（中苗・成苗）を使う、栽植密度を低めにする、深水管理または深植えなどが挙げられる。秋落ちの対応としては追肥があるが、追肥の準備をしたうえで生育量や葉色などで診断してから実施する。

②やせ地や寒冷地

やせ地や寒冷地では、田植え後の気温がなかなか上がらないため、初期は地力チッソの供給が緩慢だ。そのため、初期生育を確保するために施肥量を多めにする、中苗以上の大苗を使う、栽植密度を高めにする、浅水から徐々に深水にするなどが挙げられる。砂質土壌は養分保持力が弱く流亡しやすいので、生育不足防止や秋落ち対策のため、追肥などの準備をする。

表6　水のプラスの面とマイナスの面

水のプラスの面	・イネに水分を供給 ・チッソやリンが利用しやすい形態になる ・水位によって保温力や温度差が変わり、生育調整が可能 ・イネを保温し、低気温から保護 ・養分を供給 ・腐植の過度な分解を防ぎ地力を維持 ・土壌が硬くなることを防ぎ、除草や他の作業を容易にする ・病害の発生を少なくし、繁殖を抑え、連作が可能 ・雑草の発生を少なくする
水のマイナスの面	・土壌が還元（酸欠）状態になり、根の機能を低下させる ・鉄やマンガン、カリなどの養分の溶脱 ・土壌の還元（酸欠）状態が強くなると有害な酸やガスが発生

5　田植え後の管理

(1) 水管理のねらいとポイント

序章では、有機イナ作の成否は田植えまでに8割が決まること、そのポイントとして、①イネが喜ぶ田んぼづくり、②よい苗づくり、③田植えのタイミングと栽植密度、の三つが挙げられることを述べた。これによりイネの生育量や雑草発生の大まかな方向性が決まる。

しかし、気候は毎年変動することから同じようにはいかない。理想とするイネの生育を調整するのに水管理は重要であり、「水のかけ引き」とはよく言ったものである。水管理は、田植え以降の保温、地力や有機質肥料の肥効の発現、抑草、分げつなどの生育制御、登熟などと密接に関わっている。

① イネにとっての水とは？

水はイネの成長にとって必要不可欠であるが、プラス面とマイナス面がある。水管理ではプラスの面を活かし、マイナス面を軽減するよう心がける。水のプラス面・マイナス面は表6のようになる。それらを踏まえて、イネの生育ステージや成長過程、抑草、肥効などの観点から水位を調整する。第3章ではイネの生育ステージごとの水管理の目安を記載しているので参考にしてほしい。

② 水管理とは生育調整技術

有機イナ作で代表的な水管理といえば「深水管理」だ。だが、すべての状況において深水管理（方法論）が有効と言い切れるだろうか？

例えば田植え後すぐに異常還元となりガスが湧いたとしよう。そのまま深水管理をすれば異常還元が長期化す

表7　水管理とイネや生育環境に与える影響

	土壌		イネ		雑草 出芽促進
	保温効果	酸素の供給	養分吸収	分げつ	
浅水	中程度	無・少ない	多い	多い	出芽促進
深水	高い	少ない	中程度	少ない	湿生雑草の抑制 水生雑草の優占
間断灌水	低い	中程度	中程度	中程度	
落水・ 中干し	無・低い	多い 有害物質除去	少ない	少ない	

る。そういう地域では「植え干し（田植え後に田面が割れない程度に落水する）」が行なわれているようだ。深水管理はイネの成長に合わせて徐々に水深を上げることで有効茎を充実させたり抑草をねらったりしている。しかし、早期からの深水は、穂になるはずの分げつまで抑えてしまい、穂数が減少する場合もある。

　筆者は、水管理の本質は、早期に有効茎を確保し、根の活力を維持するためのイネの生育調整技術だと考えている。その効果は気候や土壌肥沃度、灌漑水温など、場所によって異なるので、その条件やイネの生育状態に合わせて行なう必要がある。水管理がイネや生育環境に与える影響については**表7**にまとめた。

(2) 除草管理

「草の生えない田んぼ」が成功して水稲の初期生育がよくなり、雑草との競合で優位に立てれば、雑草害はほとんど気にならない。そうなれば、無除草や楽々除草といけるのだが、そうならない時の備えは必要だ。

　田植え後に発生する雑草の要防除期間は田植え後およそ30〜40日くらいであろう。除草後の再定着を避けるためには2葉までに除去したほうがよく、初期除草が重要である。

　長野県松本市で行なった異なる田植え時期の各草種の発生消長を見てみよう。**図18**の左は5月18日植え（5月14日植代かき）で雑草の発生は緩慢である。**図18**右は6月5日植え（6月1日植代かき）で雑草の発生はクログワイを除き発生が早期にそろっている。山岸（1980）を参考に、基準温度を10℃として有効積算温度を計算した場合（1日の平均気温から10℃差し引いた温度を積算したもの）、クログワイ

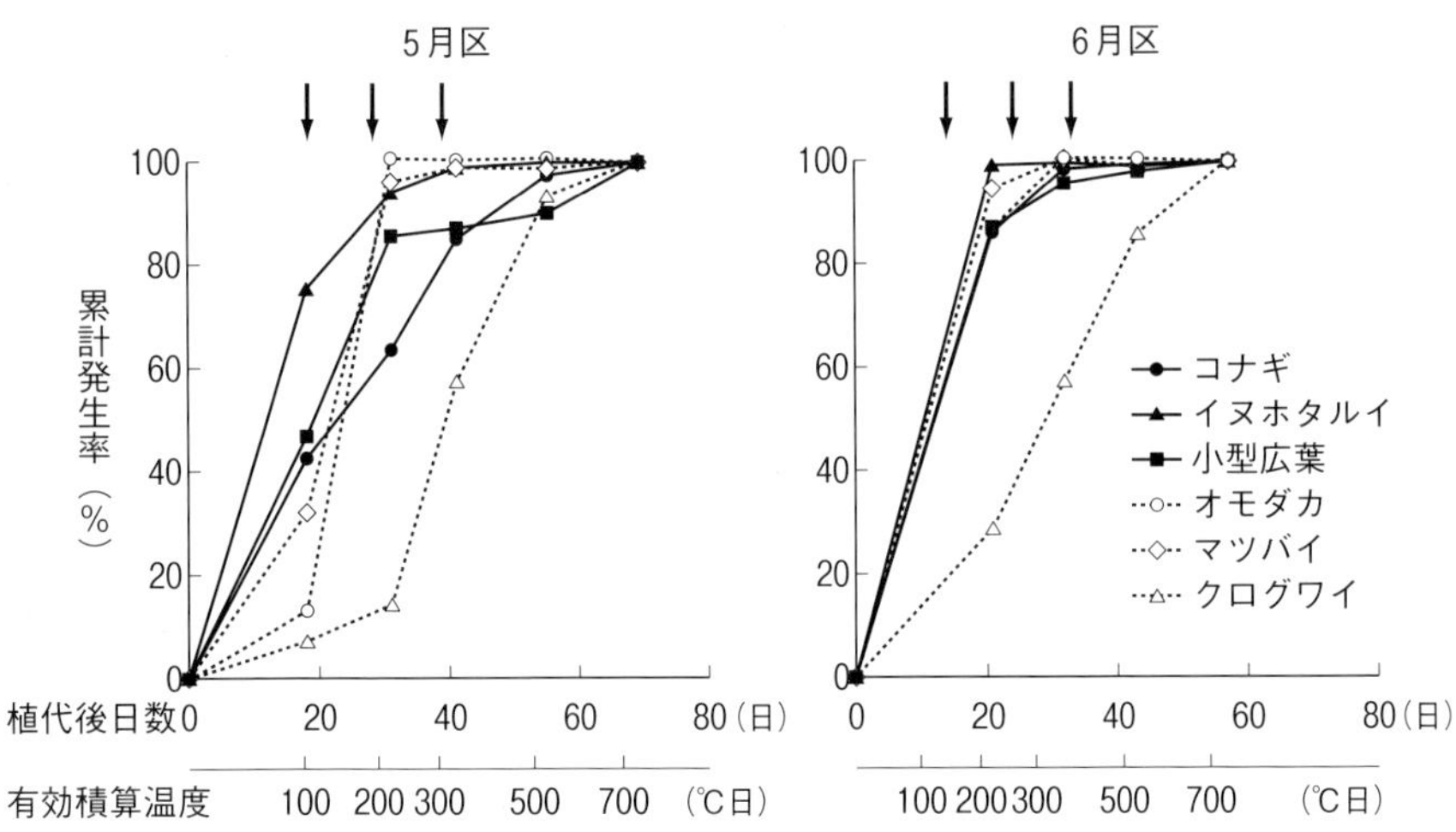

図18　移植時期と除草回数が雑草の累計発生率におよぼす影響　（三木ら 2012）

注1）累計発生率は総発生本数に占める調査時の発生割合を草種ごとに示したもの
注2）有効積算温度は10℃以上を有効温度として積算したもの
注3）図中の↓は除草時期を示す
注4）5月区は5月18日、6月区は6月5日に移植した
注5）小型広葉雑草はキカシグサ、ミゾハコベ、アゼナ、オオアブノメを含む

を除き250～300℃付近で80％程度の雑草が発生したことになる。

仮に田植えから10日間隔で80％発生した種子繁殖型の雑草を機械除草するとした場合、5月18日植えでは3回、6月5日植えでは2回の除草となる（図18）。

このように、田植え時期が早いと、有効温度がなかなか取れずに雑草がダラダラと発生して除草期間が長くなるが、田植え時期を遅らせると有効温度が早く積算され早期に発生がそろい、除草期間を短縮できることがわかる。ただし、実際には草種や地域による生態的特性の違いなどで雑草の発生消長や有効温度は変わるので、あくまでも目安としてほしい。

大きく成長してしまった雑草は、水位を落としてヒタヒタ水とし埋め込むように除草するのがよいだろう。幼穂形成期に入る頃には除草を完了させ、登熟に重要な根を傷めないように配慮する。ただし、収量確保よりも雑草種子の落下や収穫したもみに雑草種子が混入するのを避けたい場合はこの限りではない。

(3) あぜ管理

畦畔は田んぼに水を溜める機能を果たしている。その畦畔は雑草の根系が発達することで土壌の流亡や崩壊から守られている。

しかし、雑草をそのまま放置しておけば作業性が悪くなるうえに、害虫などを誘引することがある。そのため、定期的に草刈りすることになるが、常にきれいに管理することは労力的にも大変である。

斑点米に関係するカメムシ類対策を考慮した合理的な草刈りは、幼虫が主体となる7月中旬と、イネが出穂する10日前に行なうのがよい。また、10㎝程度に高刈りすることによってイネ科以外の雑草の優占度を高めるよう意識する。イネ刈り前後の草刈りや春のあぜ焼きなどは越冬害虫の密度低減に役立つ。

(4) 溝切りなどの排水対策

排水不良の田んぼや地下水位が高い田んぼでは、中干し時に溝切りを行なおう。田んぼに溝を切り、それを排水口につなげ、スムーズに排水が行なえるようにする。これにより、土中に酸素を補給して根腐れを防ぎ、根の活力を高めることができる。加えて、地耐力◆が確保されてイネ刈りや秋処理がスムーズに行なえるうえに、土中の有害ガス（硫化水素、メタンガスなど）の発生を大きく軽減することができる。また、旱魃の場合は、逆に溝に水を溜めることで対策となる。

◆は「ことば解説」参照

第2章

栽培暦を組み立てる

本章では、有機イナ作が成功するための栽培暦を組み立てるポイントとして、地域の気候や圃場の状態を把握するための方法を解説する。気候や土壌の把握では、気象庁の気象データや土壌インベントリーの活用、圃場の状態の把握では物理性診断や土壌診断、優占する雑草などによる田んぼの把握方法を紹介し、それらに基づいた栽培暦作成のポイントを解説していく。

1 地域の気候と土質を知る

(1) 地域の気候とイナ作

イナワラ分解に始まり、地力チッソの発現、イネの成長（好適出穂期、高温登熟、登熟期間）、雑草の発生など、イナ作は温度と密接に関わっている。また、イネ刈りや耕耘などの作業は、降水量に制約される。

年間に活用できる温度（気温）や降水量は、地域によってある程度決まっている。そのなかで、秋処理→田植え→出穂期→イネ刈り→秋処理のサイクルのうち、どこの温度帯を利用するかによってイネの作りやすさが変わる。

例えば、秋のイナワラすき込みが早いほど、田植え時期を遅くするほど、イナワラを分解するのに必要な積算温度を確保しやすい。秋雨を避けるようにイネ刈り時期が設定できれば、収穫や秋のイナワラすき込みもスムーズに行なうことが可能だ。

そのため、その地域の気象条件を確認しながら栽培計画を立てることは非常に有意義である。

(2) 気象データの収集と分析

地域の気候を知るには、気象データを収集する作業が基本になる。気象データの収集で最も簡単なのは、インターネットでの取得であろう。以下、手順の一例を示す。

気象庁のホームページでは「過去の気象データ検索（https://www.data.jma.go.jp/obd/stats/etrn/index.php）」から、「地点の選択」で都道府県→「地点の選択」で最寄りの観測地点を選択し、「月」を選択して、「日ごとの平年値」を開き、エクセルなどに12カ月分を貼り付けることで簡単に平年値（1991～2020年）を取得できる（図1）。

直近3～5年くらいの気象データを取得したい場合は、「過去の気象データ・ダウンロード（https://www.data.jma.go.jp/gmd/risk/obsdl/index.php）」から、「地点を選ぶ」→「項目を選ぶ（気温や降水量など）」→「期間を選ぶ」→「表示オプションを選ぶ」（図2）の順に進めば、欲しい期

松本(長野県) 1月　平年値(日ごとの値)　主な要素

要素	降水量(mm)	平均気温(℃)	最高気温(℃)	最低気温(℃)	日照時間(時間)	全天日射量(MJ/m²)	平均雲量	降雪の深さ合計(cm)	最深積雪(cm)
統計期間	1991〜2020	1991〜2020	1991〜2020	1991〜2020	1991〜2020	1991〜2007	1991〜2007	1991〜2020	1991〜2020
資料年数	30	30	30	30	30	17	17	30	30
1日	1.0	0.5	6.0	−4.2	5.5	8.6 @	5.8 @	1	1
2日	1.0	0.4	5.9	−4.3	5.5	8.7 @	5.8 @	1	1
3日	1.0	0.4	5.9	−4.4	5.6	8.7 @	5.9 @	1	1
4日	1.0	0.3	5.8	−4.4	5.6	8.7 @	5.9 @	1	2
5日	1.1	0.2	5.7	−4.5	5.6	8.7 @	5.9 @	1	2
6日	1.1	0.1	5.6	−4.6	5.6	8.8 @	5.9 @	1	2
7日	1.2	0.1	5.5	−4.6	5.6	8.8 @	6.0 @	1	2
8日	1.2	0.0	5.4	−4.7	5.6	8.8 @	6.0 @	1	2
9日	1.2	−0.1	5.3	−4.7	5.6	8.9 @	6.0 @	1	3

図1　気象庁のホームページで表示した日ごとの平年値の例（1月）

気象庁のホームページから「地点の選択」(都道府県)→「地点の選択」(最寄の観測地点)→「月」→「日ごとの平年値」を表示して、エクセルに貼りつける

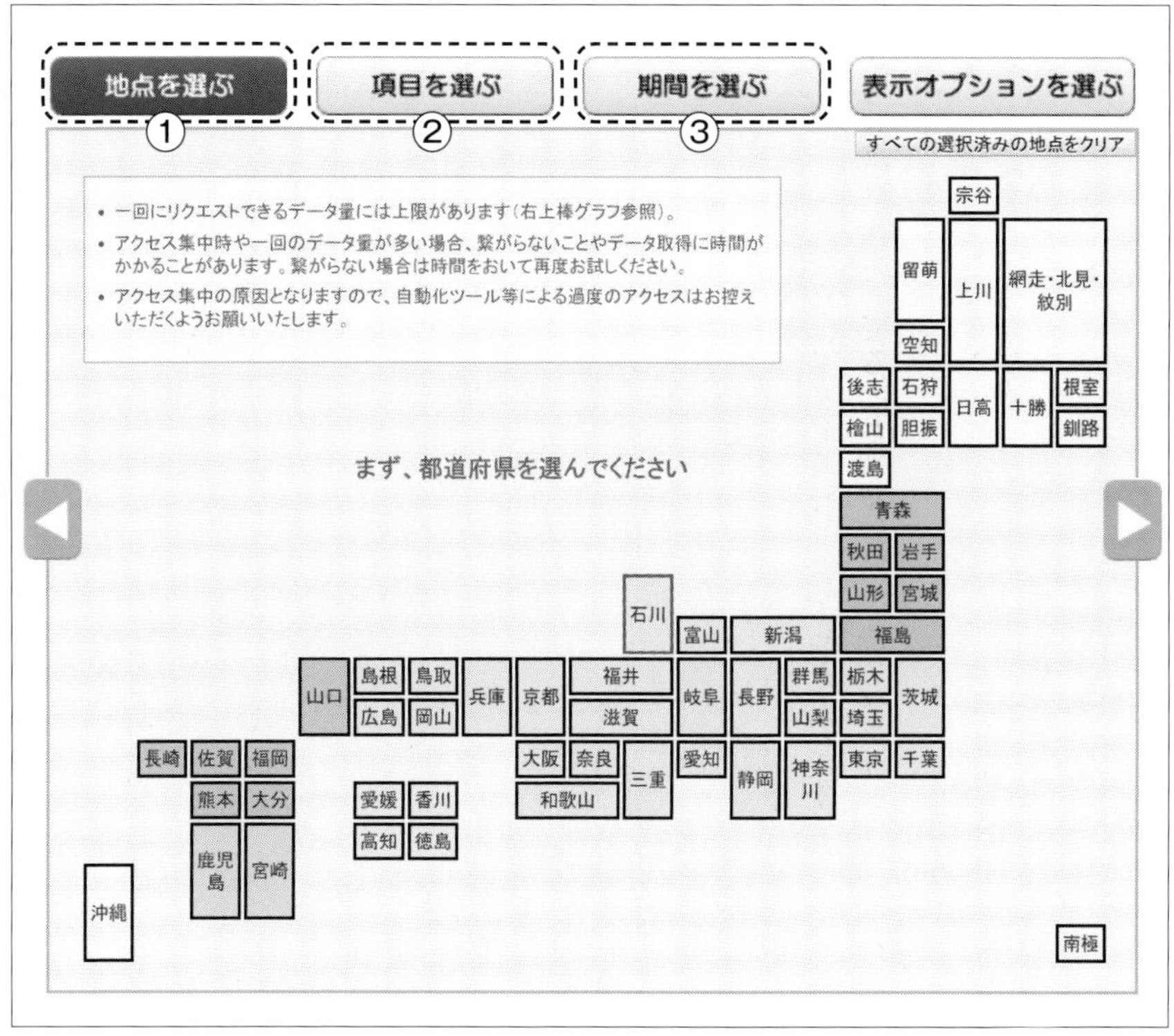

図2　直近3〜5年データの取得

①「地点を選ぶ」→②「項目を選ぶ」→③「期間を選ぶ」の順にタブで選び、CSV形式でダウンロード

間の気象データがCSV形式でダウンロード可能だ。

少し手を加えれば扱いやすいデータに加工もできる。例えば直近3年のデータの平均を出したい場合は、ダウンロードしたCSVファイルをエクセルで開く。この時の「年月日」のデータは一つのセル内に収まっているが、これを「年」「月」「日」それぞれセルに分ける（関数利用）作業をする（図3）。

それができたら、エクセルのリボン「挿入」の左に「ピボットテーブル」で3年分のデータを選択して必要な項目を選択すれば、簡単に平均値を出すことができる（図4）。ここでは詳細は省くが、「年月日」の抽出や、「ピボッドテーブル」の使い方は、ウェブ検索で豊富に出てくるので参考にしてほしい。慣れれば日々の5年程度のデータをダウンロードから年間平均値を出すのに10分もかからずに編集できるだろう。

先述の通り、イナ作は温度と密接に関わっている。また、イネ刈りや耕耘などの作業は、降水量に規定されることから、この二つのデータは取得したほうがよい。

筆者は勉強会先などの状況に合わせた講座を開くので、気象や土壌タイプに基づいた作期をシミュレートし、農家と一緒に考えるスタイルを取っている。

(3) 積算温度の考え方と算出法

① 積算温度

積算温度とは、気温、地温、水温などの毎日の温度を一定の期間について合計した値を言う。作物では、例えば播種から開花期まで、あるいは開花期から収穫期までの期間に要する積算温度が求められ、生育の予測や収穫適期の判定などに広く用いられている。

② 有効積算温度

有効積算温度とは、日平均温度から基準温度を差し引いた値の積算値のことである。この場合の基準温度は、動植物の種類や発育の段階により異なる。作物の場合、大まかな基準温度は夏作物では10℃、冬作物では5℃とされることが多い。有効積算温度は、作物などの生育予測や、害虫発生時期の予測に利用される。

(4) 圃場のある地域の土壌分類を把握する

田んぼの土は、多くのタイプに分類されている。粘土の多少や有機物の多少、水はけのよし悪しなどそれぞれの特徴は異なる。土壌分類の確認には、農研機構のホームページで公開されている「日本土壌インベントリー」

	A	B	C	D	E	F	G	H	I	J
1	年月日	年	月	日	平均気温(℃)	降水量の合計(mm)	日照時間(時間)			
2	2014/10/1	2014	10	1	18	0	0.6			
3	2014/10/2	2014	10	2	19.2	0	6.6			
4	2014/10/3	2014	10	3	20	0.5	2.6			
5	2014/10/4	2014	10	4	17.9	0	1			
6	2014/10/5	2014	10	5	14.3	19.5	0			
7	2014/10/6	2014	10	6	16.2	34.5	0.8			
8	2014/10/7	2014	10	7	15.7	1.5	7.3			
9	2014/10/8	2014	10	8	12.7	0	6.1			
10	2014/10/9	2014	10	9	15.4	0	8.8			
11	2014/10/10	2014	10	10	16.6	0	7.1			
12	2014/10/11	2014	10	11	14.1	0	10.5			
13	2014/10/12	2014	10	12	13	0	6.8			
14	2014/10/13	2014	10	13	14.3	7.5	0			
15	2014/10/14	2014	10	14	15.9	17	5			
16	2014/10/15	2014	10	15	13.9	0	7.9			

図3　ダウンロードしたデータの加工　「年月日」を「年」「月」「日」それぞれセルに分ける

2				
3	月	日	平均 / 降水量の合計(mm)	平均 / 平均気温(℃)
4	⊟10	1	3	18.5
5		2	3	18.5
6		3	0	18.8
7		4	1	17.9
8		5	3	16.7
9		6	6	17.2
10		7	1	17.0
11		8	3	16.7
12		9	2	16.9
13		10	0	16.5

図4　画面左の「ピボットテーブルのフィールド」で項目や計算方法が選択できる

(https://soil-inventory.rad.naro.go.jp/) がインターネットで利用でき、耕作している田んぼの土壌タイプを調べるのにとても便利だ（図5）。また、スマホアプリの「e-土壌図Ⅱ」では、GPSを利用して現在位置の土壌タイプを確認することができる（図6）。

以下、イナ作に特に関わりの深い代表的な水田土壌について特徴を記載する。

① 灰色低地土

日本の代表的な水田土壌で、土の断面が灰色を呈している。海岸・河岸平野、谷底平野、扇状地などに広く分布しており、排水は「やや不良」の場合が多く、グライ低地土と褐色低地土の中間的な湿性状態の沖積地の土壌である。排水対策によって、水田を畑として利用する水田転作にも利用できる。

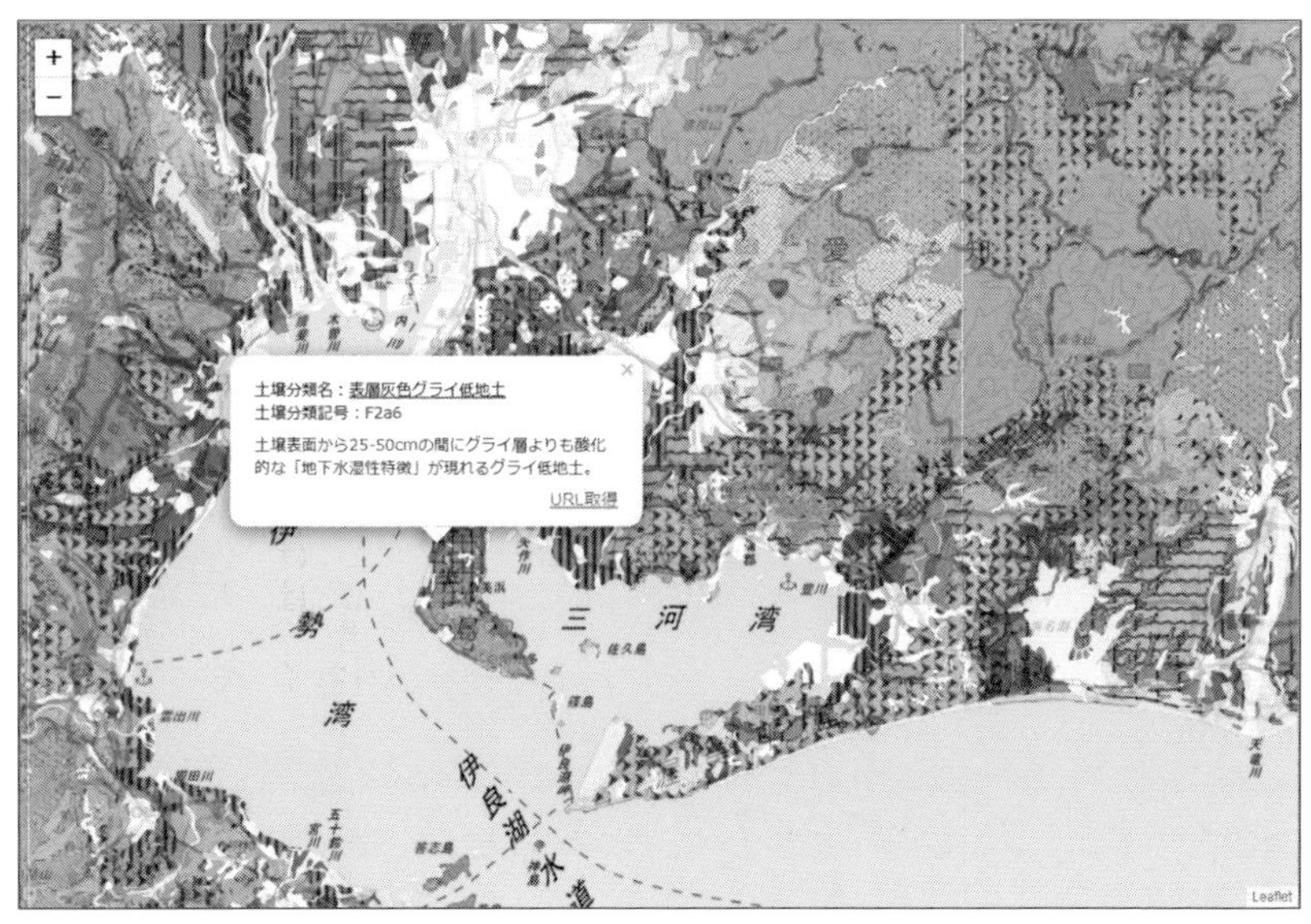

図５　日本土壌インベントリー

図６　スマホアプリ「e土壌図Ⅱ」

② グライ低地土

日本の代表的な水田土壌で、低地土のなかで、最も地下水位が高く、氾濫原の後背湿地、三角州などに広く分布する。地下水位が高く、一般に、排水不良である。排水を改善するため、明渠や暗渠排水が実施されているところが多い。

この土壌の理化学的特徴は、土壌水分が多くて軟らかいので機械作業が難しい場合があることである。土壌養分は豊富な場合が多いが、有害な成分である有機酸や硫化水素などが発生しやすい。排水ができて土壌が乾けば、イナワラの分解や有機質肥料による化学性が改善される。

③ **黒ボク土**

火山灰が風で運ばれて積もるため、新しい沖積地や急傾斜地を除いて、地形を問わず分布している。水はけのよい水田土壌の一つ。作土は腐植に富んでいる。透水過多の水田では入水温が上がりにくい。この土壌の理化学的特徴は、リン酸の固定力が大きく可給態リン酸が少ない特徴があるが、現在ではリン酸肥料の継続的な改良により問題は少なくなっている。他にはアンモニア態チッソやカリなどの養分吸着力が小さく、流亡しやすい。

漏水田（黒ボク土のほかに、河川や海岸付近の砂礫質土壌など）の対応としては、トラクターなど踏圧による床締め、ベントナイトの施用などがある。

④ **褐色低地土**

水はけのよい水田土壌の一つ。褐色低地土の水田は、断面が褐色やそれに近い色を呈している。自然堤防や扇状地に分布し、沖積低地のなかでは最も乾いた土地にある。中山間地の棚田にも見られる。水田を畑として利用する水田転作にも向いている。

⑤ **有機質土（泥炭土）**

泥炭土は、湿生植物の遺体が過湿のため分解を免れ、厚く堆積した土壌で分布する。過湿で機械作業が難しい場合があるため、地耐力増加のために客土をしたり、暗渠を実施したりする。

2　田んぼの状態を知る

(1)　理想的な土のイメージ

序章に示したように、よい苗の育成を前提にしたうえで、イネは収量・品質が高く、病虫害や雑草害のない状態になると考えている（⇩24〜26ページ）。土壌の肥沃度がその途中段階にあるほど、栽培の難易度や外部資材、エネルギー投下量が必要になる。

土壌の状態を知るには、物理性や化学性の確認が有効であるが、とりわけ物理性は、有機イナ作において一番に気にするポイントである。

(2)　土壌物理性

土壌の物理性は、透水性や作物の根張りの良否、土壌微生物活性を左右して土壌チッソの無機化・土壌病害の発生などに大きく影響を与える。例えば、物理性がよく乾きすぎればイナワラの分解が停滞し、入水時にはせっかくある養分が流亡してしまう。いっぽうで物理性が悪ければイナワラなどの有機物分解が遅延したりイネの根が傷むことで養分吸収が阻害されたりする。土壌物理性に問題が発生している田んぼでは、どれだけ施肥で養分を調整しても根本的な解決にならないので、物理性診断は特に重要である。

土壌物理性の具体的な指標としては、緻密度や地下水位などがある。土壌の緻密度を調べるには、貫入硬度計（レンタルあり）などによる調査がある。地下水位については、「簡易地下水位測定法」https://www.affrc.maff.go.jp/docs/project/genba/pdf/140411.pdf が農水省の委託プロジェクト成果として公表されており、比較的簡便に確認できる。

①非栽培期間の排水性

イネに適した土づくりでは、すき込んだイナワラが栽培上の問題とならないようなレベルまで分解させることが重要である。そのためには、土壌水分がカギを握っており、積雪期間を除いた非栽培期間（非灌漑期間）にできるだけ畑水分状態を維持する必要がある。土壌水分は、土づくりだけでなく、機械作業の難易にも直結する。

非栽培期間でも、全層あるいは作土直下からグライ層が出現する湿田（強グライ土壌、泥炭土、黒泥土、黒ボクグライ土など）では、地下水位が高いことや、機械による圧密を受け排水不良となるため積極的な排水対策が必要である。

水田において農業機械の走行作業時に必要な地耐力を確保するには、地下水位を40～50㎝に低下させる必要がある。暗渠排水などの設置は、地下水低下を図る有効な手段である。

②栽培期間の排水性

日減水深は、10～30㎜程度がイネの収量面からも適当とされている。田んぼの透水性は土壌タイプや地下水位、あぜの補強、耕耘、代かきで決まってくる。あぜの強化（あぜ塗りやシート設置）をしっかり行なえば、あとは耕耘、代かきで調整する。

また、田植え以降は図7のような水見棒を設置するとよい。入水後から翌日の入水前までの減水量を24時間に換算して日減水深を知ることができる。田植え以降の日減水深と、耕耘や代かき時の車速やPTO回転など機械設定の記録を見比べることで、その水田ごとの適正な耕耘および代かきの設定が見えてくるはずだ。具体的には、減水が多いようなら車速は遅くしてPTO回転を上げたり、減水が少ないなら車速は早めにしてPTO回転を下げるなどして調整する。

日減水深が50㎜を超えるような漏水田では、用水量の増大や低水温による生育遅延、養分の溶脱などにより生産が不安定となる。漏水の多くは畦畔からの漏水であるため、丁寧なあぜ塗りや畦畔板の設置で対応する。垂直方向の漏水は土性によるもので、必要に応じてトラクターやブルドーザーによる床締めを行なうほか、砂質土壌や砂礫質土壌では客土やベントナイトの施用が効果的である。

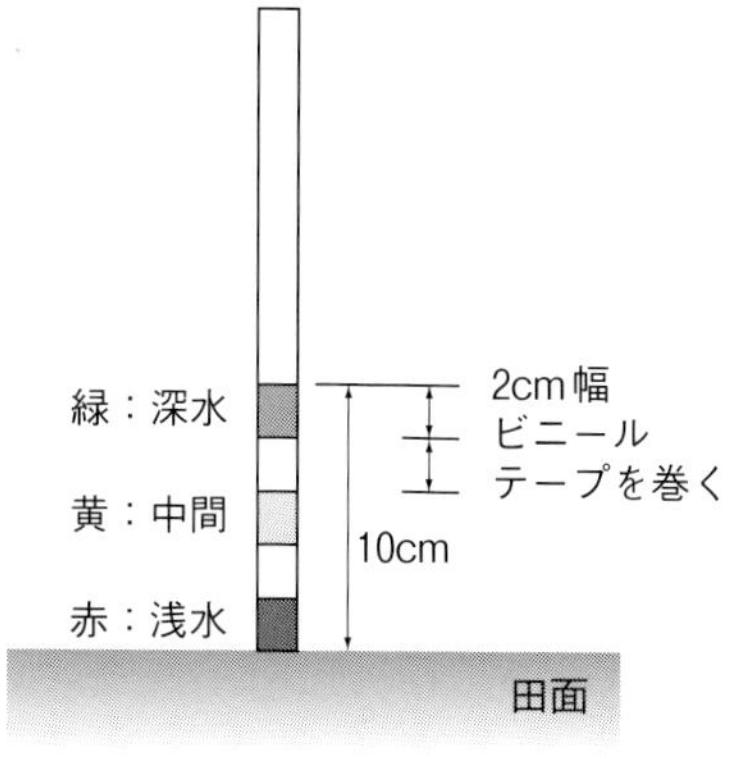

図7　水見棒

(3) 化学性の診断

土壌分析は、土壌改良の計画作成や作物の生育不良の原因究明のため、土壌の養分状態を把握するために実施する。ただし、一般的には深さ0〜10cmの土壌を採取して分析するため、それよりも深く根を張るイネの生育状況と一致しないことがある。

大事なことは、イネの生育診断が的確にできることである。例えば、葉が長くて幅が広く硬い場合はイネが健全である目安になる。葉が長くて幅が広く柔らかい場合はチッソ過多やケイ酸不足が、葉が長くて幅が狭い場合はリン酸不足や光不足が考えられる。葉が短くて幅が広く濃緑である場合はカリ不足、葉が短くて幅が狭く淡緑である場合はチッソ不足にある。

イネの出葉枚数ごとにどのような栄養状態で経過したのかがわかるため、イネの生育経過を見ながら土壌分析結果との関連性を見るようにする。

① 一般分析

初めて田んぼを作る場合や問題が生じた時には、分析を依頼するとよい。pHや可給態リン酸、塩基飽和度、塩基バランスなどは問題があるなら改良したほうがよい。これらの問題がなければチッソの供給をどうするかが主眼となる。順調にいっている田んぼでも、3〜5年に一度は分析して、変化があるかを確認したほうがよいだろう。

土壌の化学性分析はさまざまな機関

で依頼することができる。代表的なのはJA全農だろう。

② 土壌成分（地力チッソ、鉄、ケイ酸）の分析

土壌の鉄含有量や有効態ケイ酸は、多くの場合、追加オプションなどで分析できる。鉄含有量やケイ酸は、全国的に減少傾向にあるという。

鉄が少なくなると、土壌に硫化水素が発生しやすくなって根腐れを起こしやすくなる。国の地力増進基本指針では遊離酸化鉄として、乾土当たり0・8㎎／100g以上である。不足する場合は含鉄資材で補う。

ケイ酸は、イネが多く吸収する成分で重要である。ケイ酸が少ないと収量や品質に影響するだけではなく病害虫リスクも高まる。国の地力増進基本指針では乾土当たり15㎎／100g以上である。不足する場合はケイ酸資材で補う。

地力チッソの指標の一つとして、可給態チッソを分析する方法があるが、あまり一般的ではない。しかし、イネの生産に占めるチッソの60～70％が地力チッソに由来していることからも、重要な項目だ。かつては採取後風乾処理を施した土壌を密栓した瓶のなかで湛水状態にし、30℃で4週間静置培養後、無機化してきたアンモニア態チッソ量を測定することで求めていた。

現在では試験研究機関や分析機関や普及指導機関向けの簡易法が公表されており、風乾土壌であれば2日程度で測定できる（中央農業研究センター2016）。

国の地力増進基本指針では、乾土当たり8～20㎎／100gである。可給態チッソが多いと過繁茂・倒伏などが生じるため減肥が必要になる。いっぽう少ない場合は生産量が劣るため、堆肥などを施用して改良する。

(4) 雑草を手掛かりにした診断

田んぼには1枚1枚それぞれの個性がある。その個性を見る場合のポイントとしては生き物の種類や土性、土壌の有機物含量や排水性などが挙げられるが、有機イナ作の成功に関わる重要なポイントとして、田んぼの草（雑草）たちの姿が挙げられる。

私たちは耕起・育苗・有機物施用法・代かき・田植え・水管理などを通じて、さまざまな働きかけを行なっている。その働きかけに応じて土の状態が変わり、土の状態を反映して、田んぼの雑草の優占種や勢いが変わる。

水田雑草は、条件さえ整えば発生し適応することができる。例えばタイヌビエなどは、耕耘されることによって発芽が覚醒されたり、耕耘や代かきによって埋土種子の位置が移動したりす

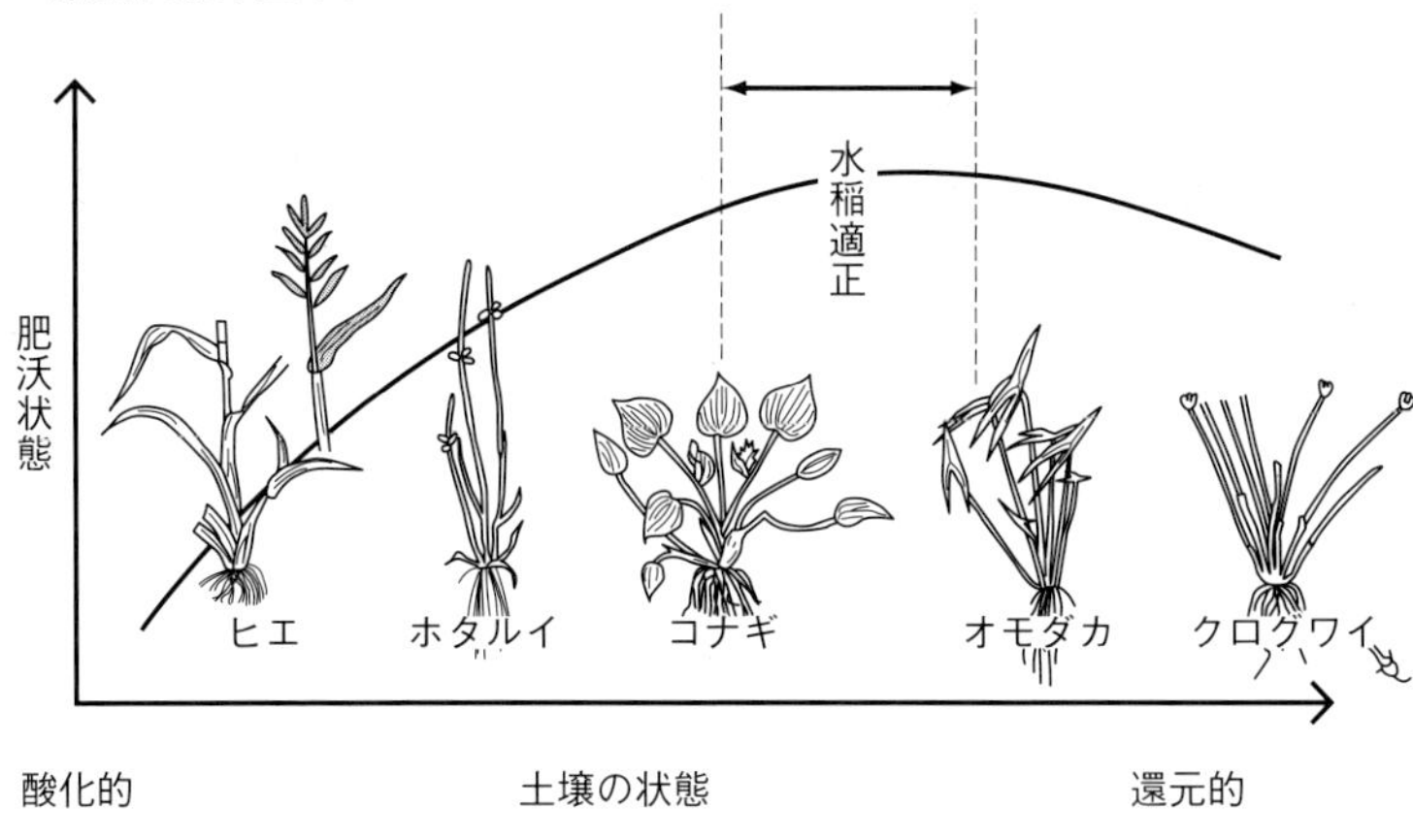

図8　雑草と土壌条件の関係（イメージ）

る。湛水条件では、タイヌビエ、アゼナなど土壌が酸化的条件下で出芽するものと、イヌホタルイ、コナギ、オモダカ、クログワイなど還元状態でも出芽できるものとがある。また、コナギやオモダカは富栄養条件に適応する能力を持つ。

ある特定の水田雑草が優占する状態は、栽培管理などによって変化する田んぼの環境と水田雑草の生活環境が一致した時に起こる状態で、優占して生える水田雑草の種類が、その田んぼの土の様子を大まかに知らせてくれる（図8）。そして、イネの初期生育がよくなって光を遮られると、どの水田雑草も生育量や種子生産量は低下するので、イネにとってのよい土に、よい苗をよいタイミングで植えることが重要だ。

以下、水田雑草の大まかな特徴を見てみよう。

①ノビエ

分類学的に言うとイネ科のヒエ属には野生種と、栽培種（食用ヒエ）が含まれる。ヒエ属の野生種は総称して「ノビエ」と呼ばれており、水田のみに発生するタイヌビエとおもに暖地に見られるヒメタイヌビエ、水田および低湿地から畑でも発生するイヌビエがある。種子で増え、脱粒性が見られる。酸素がなくても発芽できるが、その後の伸長には酸素が必要である。種子繁殖する雑草のなかでは養分競合が強く、減収する。

有機イナ作では、除草剤をやめた当初に多発することがある。除草対策に有効なのが2回代かきや米ぬか除草、深水管理などが有効だ。酸化的な土壌を好み、還元状態には弱いので、植物性主体の熟成堆肥を入れて腐植を増やす。ただし、家畜糞堆肥など、硝酸が多いものの施用は気をつける。

② イヌホタルイ

越冬芽と種子で増える。種子は、低酸素条件によってよく発芽する。不耕起や耕耘が雑な場合は越冬芽の発生が多く、大型化して競合が強くなる。しっかり耕耘されているとほとんどが種子からの発生となり、低酸素条件によってよく発芽する。

イヌホタルイは、ノビエが生えるような酸化的でやせた田んぼに有機肥料を投入するとよく発生することがある。また、土壌中に分解不十分なイナワラが多いと、イナワラに付着した種子が代かきによって出芽可能深度に移動しやすい。

③ コナギ

種子で増え、低酸素条件によってよく発芽する。コナギが生える状態は土の肥沃度は適正と見ているが、未熟なイナワラが残存するなどで異常還元になり、イネが養分を吸いにくくなった状態で優占する。

④ オモダカ

種子と塊茎で増える。塊茎は10㎝くらいの深さまではよく発生し、それ以上深くなると発生は少なくなる。塊茎は発生期間が長く、乾燥や物理的損傷に弱い。よって、耕耘と排水対策を行なう。

また、ノビエなどの種子繁殖する水田雑草は２回代かきの時に浅く行なうが、オモダカを対象とした場合は深くしたほうがよい。

オモダカは、田んぼの排水性や有機物分解などの影響で土壌還元が発達した状態を反映するが、肥沃度はおおむねイネに適している。

⑤ クログワイ

塊茎で増える多年生雑草。難防除雑草の一つとされている。塊茎は30㎝の心土層にも見られるが、おもに10～15㎝に分布する。塊茎は発生期間が長く、防除が大変である。乾燥や物理的損傷、低温（マイナス7℃）に弱い。

対策の基本は、耕耘と排水対策をオモダカ以上に気をつかって行なうとともに、なるべく肥効の高いものを施肥してイネの初期生育を促進し、初期除草を徹底し、田植え後25～30日に中耕除草するなどで抑え込むことが重要になる。これによりおおむね減収せずに収穫できる。

筆者らの調査では、クログワイが１㎡当たり約２００本（分株含む）発生した田んぼで上述の対応を取ったところ、３年後には約１００本、５年後には約10本、10年後には５本未満になる。このように多発した場合は長期戦になることもある。

クログワイは、田んぼの耕盤が緻密

で排水性に問題があり、作土層が強還元になりやすいとよく見られる。また、有機イナ作では次善の策になるが、クログワイの塊茎密度を下げるために早生を作付けて塊茎が十分形成される前に収穫、耕耘を行なう手もある。また、5年程度の田畑輪換も効果的だ。復田のポイントは、第4章で記述する。

3　栽培暦組み立てのポイント

(1) 基準は出穂期

全国では多くの品種が作付けられている。品種の草型や早晩性のタイプもさまざまだ。それらすべてを取り上げられないので、全国で作付面積が最も多い「コシヒカリ」を例に考えてみたい。また、生育や防除などは正確な予測を必要とするが、栽培歴の組立は大まかな方向性を見つけるという観点だとご理解いただければと思う。

使用する気象データについては、近年の気象も変動が見られることから、過去30年の平年値よりも、直近3～5年程度のデータの平均を見たほうが実態に近いように思う。

① 仮の田植え時期と出穂期を設定

まず、仮の田植え時期と、それをもとにした出穂期を設定する。田植え時期は、地域の慣行の栽培暦などを参考に、10日間隔で4、5パターンほど用意する。

田植え時期から出穂期の予測は、第1章で述べた通り、各県で提示される生育予測やシステムの活用が望ましいが、簡便に計算するのもよい。一つの方法として、平均気温から10℃を差し引いた有効積算温度で1000℃日の期間で算出する方法がある（図9）（注）。

（注）この目安は、寺田（1993）を参考に当センターで行なった異なる移植時期の「コシヒカリ」について検討した結果に基づく（三木ら2011）。精度は高くないものの、傾向を押さえるには十分と考えている。

② 出穂期と収穫期を確定

出穂期は、登熟を考慮して、出穂40日間の積算880℃日以上を好適出穂期として算出する。その際、高温登熟による白未熟粒などの増加を回避するため、出穂20日間の平均気温が26～27℃を超えないように設定する（登熟適温24～26℃）。

いっぽう、収穫時期は、出穂期からの積算温度が1000℃日あたりの時期になる。

なお、栽植密度は、田んぼの肥沃度

3	月	日	平均 / 平均気温		有効温度（Σ－10℃）	土づくり 耕耘～5/5	動力除草	軽量除草
216		30	16.8					
217	⊟5	1	18.5					
218		2	17.8					
219		3	19.1					
220		4	18.6					
221		5	18.4	田植え	8.4	301		
222		6	18.2	53日(分げつ)	8.2			
223		7	17.3		7.3			
224		8	16.6		6.6			
225		9	16.5		6.5			●
226		10	17.5		7.5			
227		11	19.3		9.3			
228		12	19.2		9.2		●	
229		13	19.6		9.6			
230		14	19.2		9.2			●

図９　栽培暦の設計作業例

5月5日を仮の田植えとし、平均気温から基準温度10℃を差し引いた有効積算温度が1,000℃を超える日を出穂期に定める

に合わせる。

③非栽培期間の積算温度と排水・降水量を考慮

日平均気温および日降水量の経過と、栽培プランを重ねて見る。これにより、地力チッソの発現時期（20℃付近）に田植え時期が該当するのかどうか、降雨の頻度と秋処理の実施可能性を確認できる。

④田植え後の除草期間などを把握

第1章で提示した有効積算気温10℃で計算した場合（1日の平均気温から10℃差し引いた温度を積算）、クログワイを除き250～300℃日付近で約80％程度の雑草が発生する。この温度を大まかな除草期間として設定する。そして除草器具の除草能力に応じた除草回数を計画する。

⑤ 幼穂形成期から中干し時期などを決める

出穂期からさかのぼり、マイナス30日を幼穂形成始期として、中干し時期などの目安を立てる。

(2) 気候に合わせた組み立て

(1)で示した①～⑤指標を用い、温暖地と寒冷地の例を作成したので参考にしてほしい。

① 温暖地の場合

温暖地の例は千葉県市原市牛久とした。田植え時期は5月5日から10日おきに6月5日までで算出した。いずれの田植え時期においても土づくりに必要な積算温度は十分にあることがわかる。田植え時の温度は20℃あたりをねらうとしたら、5月25日と6月5日植えが該当する。

高温登熟はいずれのプランにおいても危険性が見られるが、6月5日植えの影響が小さい。イネ刈り時期の降水量は作業適期の判断につながる。5月25日と6月5日は雨量が落ち着いている。

また、秋処理については、田植え時期が遅いほどイナワラ分解に必要な積算温度を確保しやすい（表1、図10）。よって、総合的に判断すると5月25日～6月5日頃の田植えがよいかと思われる。

このほか、日本土壌インベントリーによると、市原市牛久は灰色低地土とグライ低地土が多く分布するので、収穫や秋処理は土壌水分が低下した時に実施することが好ましい。

② 寒冷地の場合

寒冷地の例は福島県会津若松市とした。田植え時期は5月5日から10日おきに6月5日までで算出した。いずれの田植え時期においてもイナワラ分解に必要な積算温度1500℃日はなんとか確保されるが、1800℃日を確保できるのは6月5日植えだけだ。そして、イネ刈りから秋処理の適期の期間が非常に短い。

田植え時の温度が20℃あたりになる時期をねらうとしたら、5月25日と6月5日植えが該当する。高温登熟の危険は、5月25日と6月5日のどちらも26℃を下まわり、影響が小さい。イネ刈り時期の降水量は5月5日～6月5日に植えても大差ない。また、秋処理については田植え時期が遅いほどイナワラ分解に必要な積算温度を確保しやすいが、6月5日植えは秋雨に当たる可能性がある（表2、図11）。よって、総合的に判断すると、5月25日頃の田植えがよいと思われる。

また、土壌インベントリーによれば、会津若松市は、灰色低地土とグラ

表1　栽培プランの検討（千葉県市原市牛久）

田植え時期		5月5日	5月15日	5月25日	6月5日
秋処理	1,800℃日	10月23日	11月4日	11月18日	12月13日
	1,500℃日	11月12日	11月29日	12月24日	2月12日
育苗（40日）	播種日	3月26日	4月4日	4月14日	4月25日
	播種日気温	8.9℃	13.2℃	13.1℃	16.3℃
除草期間	300℃日（有効温度10℃）	32日	30日	27日	26日
分げつ期間	移植後日数	53日	49日	43日	39日
幼穂形成始期		6月28日	7月3日	7月8日	7月15日
出穂期	1,000℃日（有効温度10℃）	7月28日	8月2日	8月7日	8月14日
出穂～20日	平均気温	27.2℃	27.1℃	26.9℃	26.2℃
成熟期	1,000℃日	9月4日	9月9日	9月15日	9月24日

注）気象庁千葉県市原市牛久2014年10月～2020年9月より算出

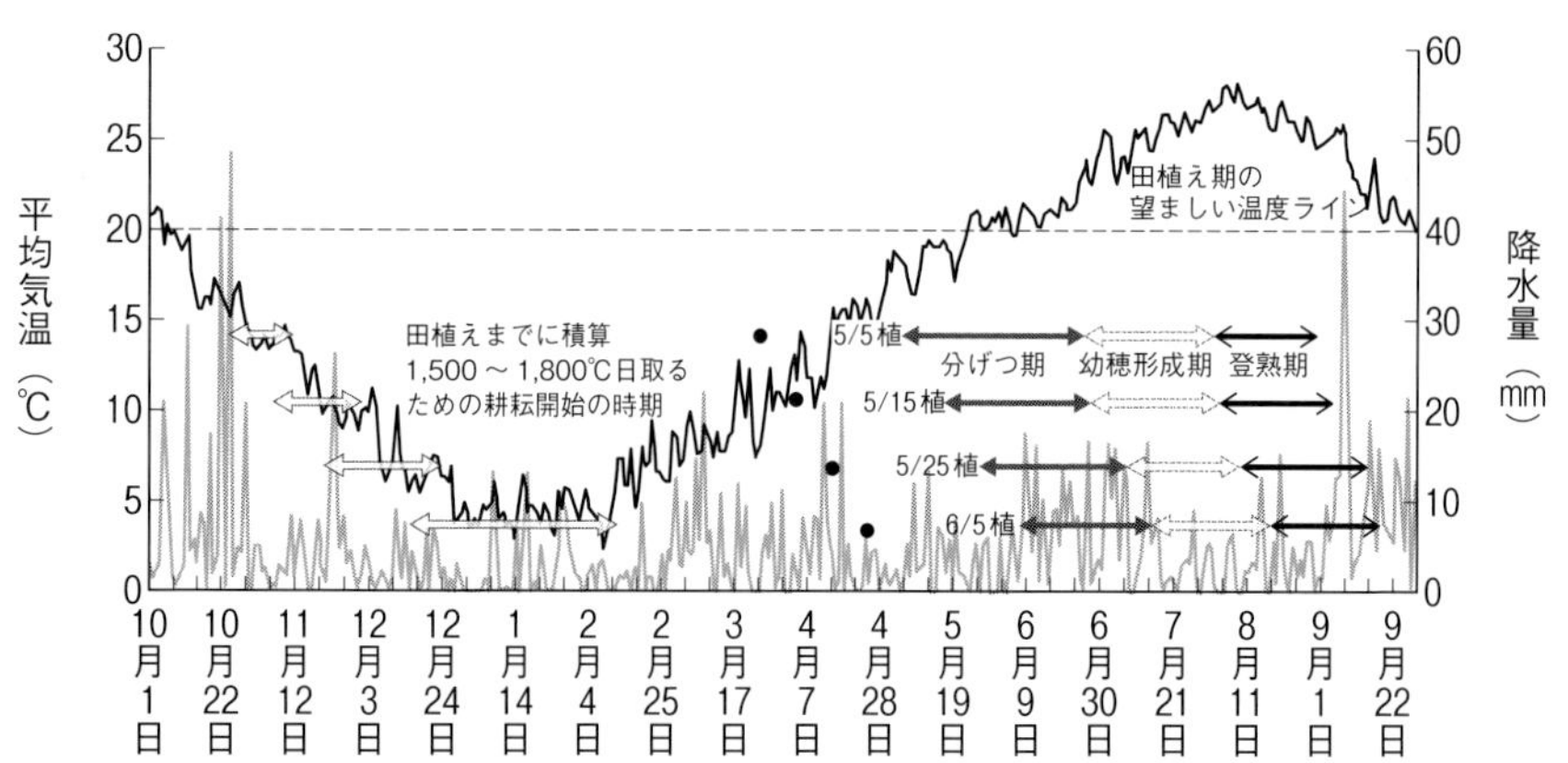

図10　栽培時期と降水量・気温の関係

注1）気象庁千葉県市原市牛久2014年10月～2020年9月より算出

注2）出穂期は、田植え後の1日の平均気温から10℃差し引いた有効積算温度1,000℃日で算出

表2　栽培プランの検討（福島県会津若松市）

田植え時期		5月5日	5月15日	5月25日	6月5日
秋処理	1,800℃日	9月12日 （1708）	9月16日 （1778）	9月22日 （1784）	10月 5日
	1,500℃日	9月20日	9月30日	10月10日	10月25日
育苗（40日）	播種日	3月26日	4月 4日	4月14日	4月25日
	播種日気温	6.0℃	9.7℃	10.5℃	14.5℃
除草期間	300℃日（有効温度10℃）	37日	33日	30日	27日
分げつ期間	移植後日数	59日	52日	49日	43日
幼穂形成始期		7月3日	7月6日	7月11日	7月18日
出穂期	1,000℃日（有効温度10℃）	8月2日	8月5日	8月10日	8月17日
出穂～20日	平均気温	26.5℃	26.1℃	25.5℃	24.6℃
成熟期	1,000℃日	9月11日	9月15日	9月21日	10月1日

注）気象庁福島県会津若松市2014年10月～2020年9月より算出

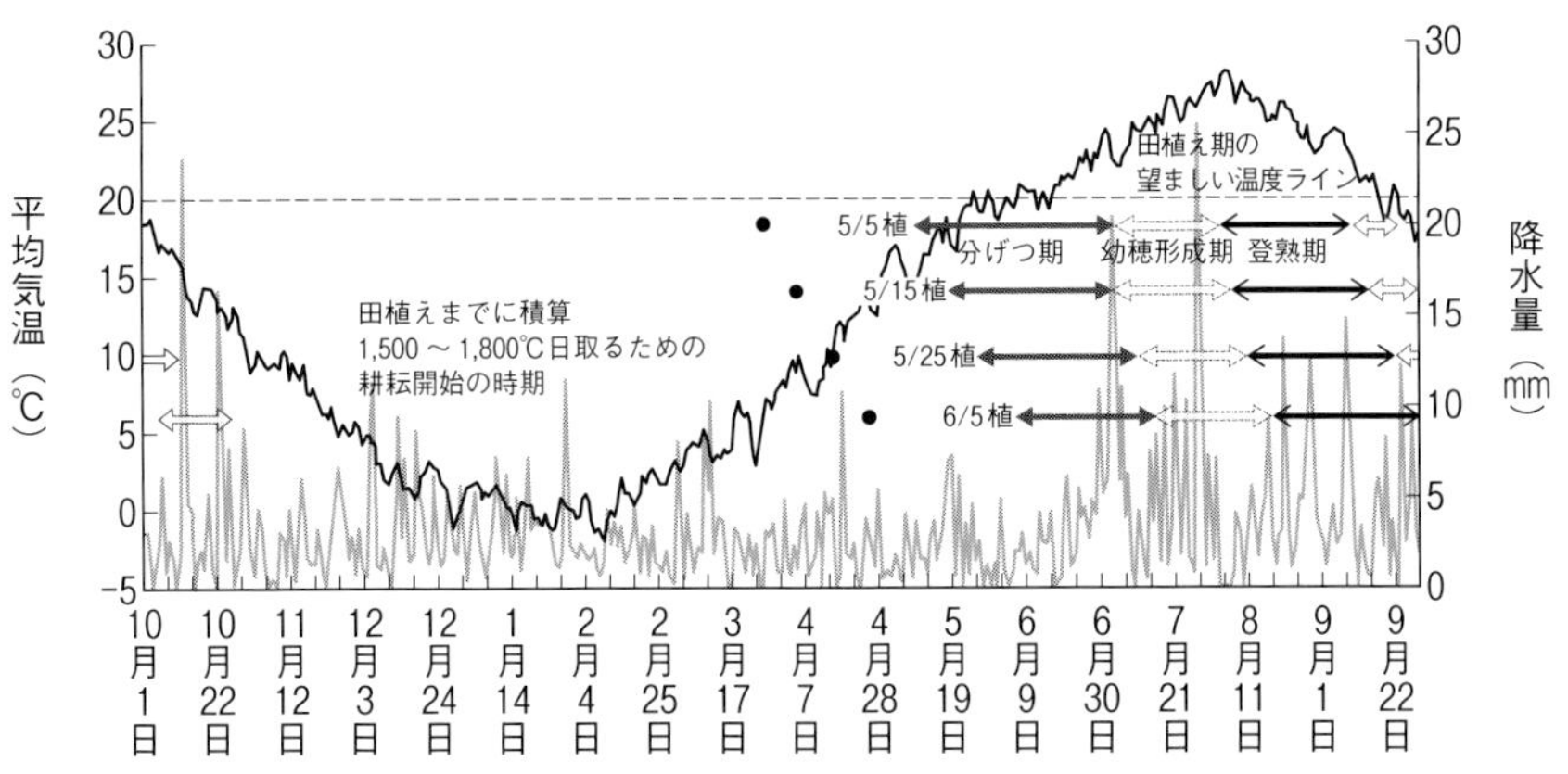

図11　栽培時期と降水量・気温の関係

注1）気象庁福島県会津若松市2014年10月～2020年9月より算出

注2）出穂期は、田植え後の1日の平均気温から10℃差し引いた有効積算温度1,000℃日で算出

イ低地土が多く分布し、秋処理が実施できる期間が短いので、事前に排水が可能なように工夫する必要がある。ただし、水利の関係で適期の田植えができない場合もあるので、柔軟性を持って計画してほしい。

当センターではイナ作の技術指導を行なっている。その際、「雑草が生えない田んぼ」のための診断キット（⇩113ページ）を使って異常還元を事前に診断し、その判定区分によって田植え前に対応策（早期追肥を行なう、栽植密度を増やす、遅植えにする、落水するなど）を立てることができる（岩石 2015）。

第3章

秋処理、田植え、栽培管理の実際

第1章では、目標とする田んぼやイネの「状態」と、それを実現するための技術的ポイントを、第2章ではそれに基づいた栽培暦を組み立てる際のポイントを解説した。本章では、耕耘や排水などの秋処理や有機物施用、育苗、田植え、田植え後の管理など、第2章までに述べたポイントに沿って、その具体的な「方法」について述べていく。

1　秋処理の実際

(1) 排水対策と地耐力の確保

第1章では、秋処理の重要性を述べた。その第一歩は、イネ刈り時にコンバインが沈み込まない土壌の硬さを確保することから始まる。コンバインやトラクターが沈まない水田土壌の硬さのことを、「地耐力◆」と呼ぶ。イネ刈り時に地耐力を確保すれば、適期収穫やその後の耕耘作業が可能になる（**写真1**）。地耐力を確保することは、計画的に土壌管理をするうえでは大事な準備の一つだ。

黒ボク土や褐色低地土など地下水位が比較的低い土壌では、中干しで十分な地耐力を確保できる。しかし、地下水位が高く粘土含量の多いグライ低地土などは、イネ刈りまでに田んぼがなかなか乾かない。そうした田んぼは、暗渠の設置や、中干しなどの落水時に溝切りをする。

それでも乾きにくい場合は、「よけ掘り◆」が有効だ。「よけ掘り」とは、田んぼの隅やあぜぎわを掘って田んぼ内の水をその溝で受けて排水するためのものだ（**写真2**）。掘った土を溝のきわに置けば、内あぜのようになって溝が埋まるのを防ぐ。

写真1　秋耕耘の様子

左：ロータリー。右：プラソイラ。トラクターの車輪が沈んでいない

このようにイネ刈り前までにしっかりと排水対策を行なって地耐力が確保できれば、秋の収穫や耕耘作業で土を荒らす心配がなくなる。排水対策が不十分であった場合、コンバインの走行（特に旋回）により田面の凸凹の形成や滞水を招き（写真3）、これがその後の耕耘作業の遅れや精度の低下につながる。十分な排水対策を行なおう。

秋の最初の耕耘は、土を練り込まず、5〜7㎝ほどに浅く土塊を粗くするように行なう。こうすることで、田んぼがより乾きやすくなる。秋の早いうちは気温も高く、浅くすき込まれたイナワラは分解しやすい。

耕耘後の土壌水分管理も重要だ。秋は、秋雨前線や台風などによって、一度に降る雨の量も比較的多く、気温が低くなるにつれて土壌が乾きにくくなる。そのため、耕耘後も排水できる環境を極力維持し、土壌に酸素をできるだけ供給することは、イナワラ分解や翌年の水田雑草の発生を抑えるうえで重要である。加えて土壌の酸化力が高まることで入水後の異常還元が起きにくく、イネの根張りがよくなる。

土壌管理のイメージとしては、秋の播種後から春先まで、ムギが育つよう

写真2　よけ掘りの例（長野県上田市）

写真3　高土壌水分時のコンバイン収穫による排水性の悪化

な畑の土壌水分条件を実現することだ（写真4）。地下水位が低く排水性がよい田んぼであれば、特に問題はなかろう。

地下水位が高く排水性が悪かったり、日本海側気候のように降水や降雪が多い地域は排水対策が必須だ。その場合、額縁の明渠は必須であろう（写真5）。あぜ塗り機があればあぜ塗り後の溝を利用することができる。ロータリーにつける片培土も便利だ。できれば田んぼのなかにも一定間隔で明渠があればなおよい（写真6）。それにはロータリーにつける培土板があれば簡単だ。それらの溝は排水口につなげておき、排水口は開けておこう。

ただし、秋処理を重要視するあまり、無理矢理にでもイナワラをすき込むことは避けるべきだ。土壌水分が多い状態でコンバイン収穫した場合は轍ができて滞水してしまう。このような

写真４　排水対策を施した転作ムギ（石川県能美市）
ムギが育つくらいに排水ができれば、イナワラの分解もうまく進む

写真５　額縁の明渠（新潟県新潟市）

写真６　土壌水分が高い時は、明渠で排水を促してから耕耘するのがよい（新潟県新潟市）

表1　収穫適期から秋のイナワラすき込み晩限までの日数（田植えまでの積算1,500℃日までの期間）

県	気象台	5月5日植え	5月15日植え	5月25日植え	6月5日植え
福島県	会津若松	9日	15日	19日	24日
長野県	松本	15日	18日	23日	34日
千葉県	市原市牛久	69日	81日	100日	141日

注）気象庁過去のデータ2014年10月～2020年9月より算出。品種は「コシヒカリ」を想定

時に耕耘を行なえば、田面と耕盤が凸凹になるうえ、イナワラが練り込まれてしまう。そうするとイナワラの分解が進みにくくなり、その後の機械作業（田植えや除草）の精度が落ちるだけでなく、田植え後の異常還元によるガス湧きなどでイネの生育が遅延してしまうといったことが起こり得る。水分が多い状態で秋処理を行なうことはかえってマイナスになるので、無理は禁物だ。

(2) 非栽培期間の積算温度をチェック

秋処理によってイナワラの分解を確実にするためには、秋の耕耘から田植えまでの非栽培期間の積算温度を、一度は計算しておくことをおすすめする。第2章で取り上げた千葉県市原市牛久と福島県会津若松市に、長野県松本市を加えた3地点について、イネの収穫適期から秋のイナワラすき込み晩限（積算1500℃日）までの日数を見てみよう（表1）。

どの地域においても、田植え時期が遅いほうが秋処理までの作業にゆとりができる。ゆとりができるといっても、会津若松では収穫から秋処理までに1カ月も猶予がなく、松本で辛うじて猶予がある程度だ。

千葉県市原市牛久では冬期に実施してもイナワラの分解に必要な積算温度が確保でき、秋処理に余裕が持てる。寒冷地では、秋処理までの期間が短くなることから、より計画的な作業計画を立てる。

(3) 土壌水分のチェック

耕耘時の土壌水分が多いと、土を細かく練り込んでしまい、土が乾かずイナワラ分解が遅れる。そうならないように、作業前に土壌水分をチェックす

表2　手の感触に基づく耕耘条件の把握方法（福井県 2020）

含水比の区分	手で握った時の状態	耕耘・砕土の難易度
60%以上	土を手で握ると水が垂れてくる程度	不可
50 ～ 60%	土を手で握ると幾分水がにじんでくる程度	極難
40 ～ 50%	土を手で握ると土が連なる程度	やや難
20 ～ 40%	土を手で握って土が連なってこない	易
20%以下	土を手では握れない（硬い）	やや難（硬い）

注）含水比（%）＝［水分重量（湿土重－乾土重）÷ 乾土重］× 100

表3　スコップ等で掘り起こした状態に基づく耕耘条件の把握方法（福井県 2020）

水分状態の区分	スコップで掘り起こした状態	耕耘・砕土の難易度
超高水分（液性限界以上）	土が軟弱で流動状態	不可・極難
高水分（液性限界付近）	土が固まりスコップに付着して離れない	難
適水分（液性限界以下）	土が崩れやすくスコップにも付着しない	易

ることが重要だ。

土壌水分のチェック方法としては、福井県が「稲作情報」として公表しているものがわかりやすい（福井県 2020）。この方法では、手で握った時の感触や、スコップで掘り起こした状態などで判断する（表2、表3）。私も、年に数回はスコップで田んぼを掘って土壌水分を確かめる。見たり触ったりした感覚と、実際の土壌水分が一致してくれば、達人に近づいたような嬉しい気分にもなる。

(4) 耕耘の深さ

地下水位が高く排水性が悪い田んぼや、日本海側など降水や降雪が多い気候の地域は、暗渠だけでなく明渠も準備し、浅耕をしたほうがよい。その場合、明渠よりも高い位置に耕耘深度がくるようにする（図1）。そうすることで降雨後には明渠から排水口に排水され、土壌水分を整えやすい環境になる。適度な水分で土塊が大きくなるように浅耕すれば、濡れてもすぐ乾き、通気性がよいので、明渠をより機能的に活用することができる。

耕耘深度も土壌水分を整えるうえで考慮する点の一つである。山形市で秋通常耕（10㎝）、秋浅耕（4㎝）、春耕を比較した実験では、イナワラ分解率は、秋浅と秋通常耕が春耕よりも高く、水稲茎数は秋浅耕が最も多かった。また、温室効果が高いメタンガスの発生量は、春耕＞秋通常耕＞秋浅耕の順で多かった。秋浅耕では、秋通常耕に比べて消雪から春耕起前の土壌水分が低く推移し、同時期における土壌中の鉄（活性二価鉄量）が少なく、土壌還元が進みにくいことが影響していると推察される（塩野ら２０１６）。

図１　浅耕耘した時の排水のイメージ

一般に、地下水位が低かったり、砂質だったり、内陸性の気候で降水量が少ない地域では、田んぼが乾きやすいので深耕が向いていると思う。深耕は水分の吸水量が多く、濡れたら乾きにくく、保水性がよいのが特徴だ。

内陸性気候の長野県松本市における当センターの耕耘深度の例を紹介しよう。9月下旬のイネ刈り後、1週間以内の気温が高いうちに土塊が大きくなるように浅耕を行なう。浅くすき込まれたイナワラは、気温の高い期間に分解が進む。11月になると気温が一気に下がる。この頃になると雨は少なく、黒ボク土では土壌の乾燥が進む。この時期に深耕を行なう。灰色低地土では深耕と浅耕の中間で行なっている。

降雪量が少ない松本は、11月から3月は乾燥が進み、気温が下がる1月や2月は土壌の凍結乾燥が進む。深耕によって降雨後の水分を多く蓄えることができるため、表層は乾燥しているように見えても土壌水分は安定している。

このように、気候や土壌タイプなどの状況によって耕耘深度を調整し、適度な土壌水分をキープできるように努める。

(5) 秋処理ができない場合はどうするか？

コンバインの旋回を繰り返すなどして傷み、滞水している場所は、無理に秋耕耘は行なわないほうがよい。その場合、収穫後に溝を切って表面水を排出し、乾き次第、耕耘を行なおう。

なかなか乾かずに耕耘が遅れる場合は、いくつかの対処方法がある。まず、コンバインでイナワラがすでに裁断されている場合は、ハンマーナイフモアなどで粉砕する。ハザ干しの場合は、ワラカッターの裁断長を短くする（歯車の変更で調整可能）。こうするこ

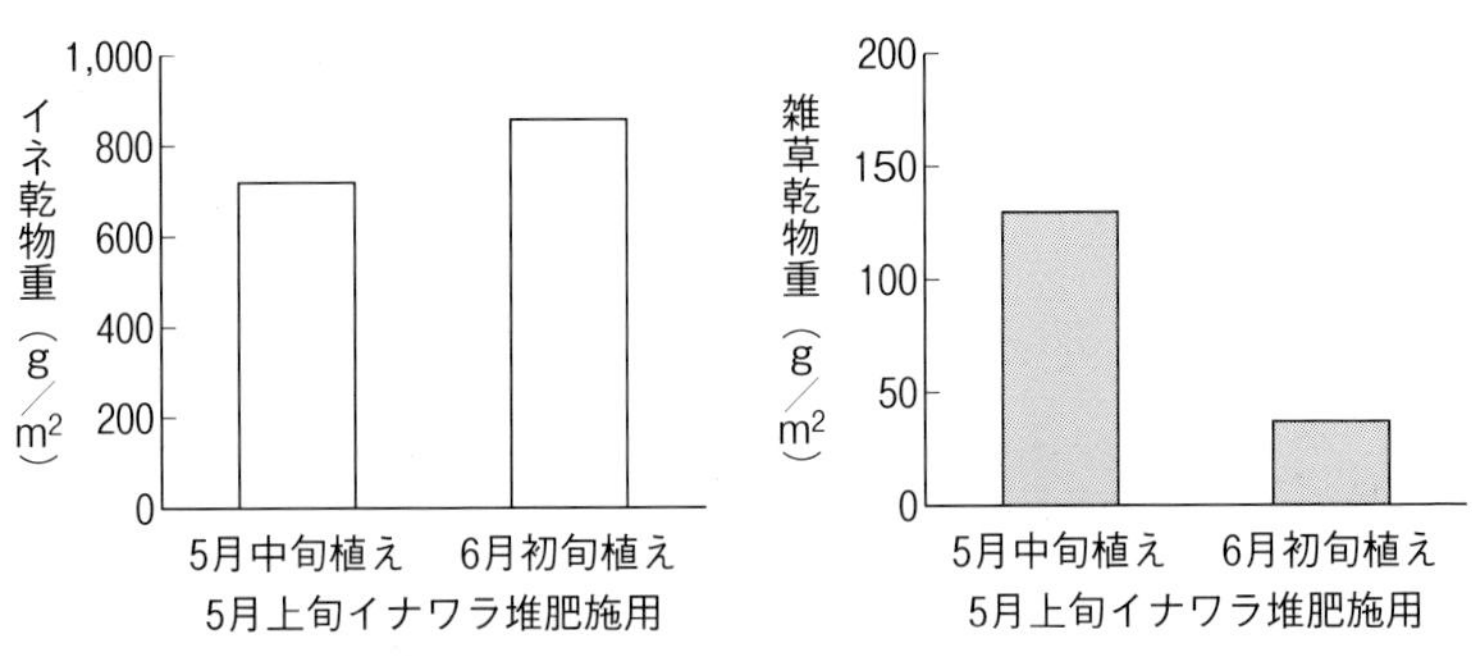

図２　５月初旬の堆肥施用効果（農林水産技術会議事務局 2014から作図）

注１）試験地は長野県松本市の標高650m灰色低地土水田
注２）堆肥は前年収穫したイナワラを回収し堆肥化したもの
注３）乾物重は出穂期に測定

とでイナワラと土壌の接触面積が増えるので、いくらかイナワラの分解に役立つ。

ハザ干しの場合は機械乾燥に比べて乾燥期間が長くなることから秋処理が遅れがちなので、イネの刈り株だけでも先に浅く耕して分解を進めるとよい。先述のように、イナワラよりも根のほうが、分解するのが遅いからだ（⇩33ページ）。そして春まで待って田んぼが乾いてから耕耘をして土中に酸素を送り込み分解を促す。回数をこなせば地表面のイナワラが乾くたびに、水分の多い土中にすき込まれるのでより分解が促される。

春になっても田んぼが乾かない場合は、部分的に耕耘を浅くしたり、代かきをあっさりと済ませるなどの配慮をする。すでに述べた通り、土壌水分が多い状態で耕耘を行なうことはかえってマイナスになるので、決して無理をしないことが大切だ。

なお、北海道や青森県などの寒地、あるいは寒冷地の標高の高い地域は、イナワラ分解に必要な積算温度が確保できない。その場合は、秋にプラウですき込むか、イナワラを全量または半量持ち出して堆肥化して施用するなどする。畜産農家と提携してイナワラと堆肥を交換するのもよい。

堆肥を施用する場合は、田植えの1カ月以上前に施用する。田植え直前の施用は雑草を増してしまう（図２）。

(6) 田んぼの状態に応じた作業判断

排水対策の成否やイナワラの分解期間が十分に取れるかどうかで、その後の作業手順が変わってくる。秋のイナワラすき込みとその後の土壌水分管理は、イナワラを田んぼのなかで堆肥化

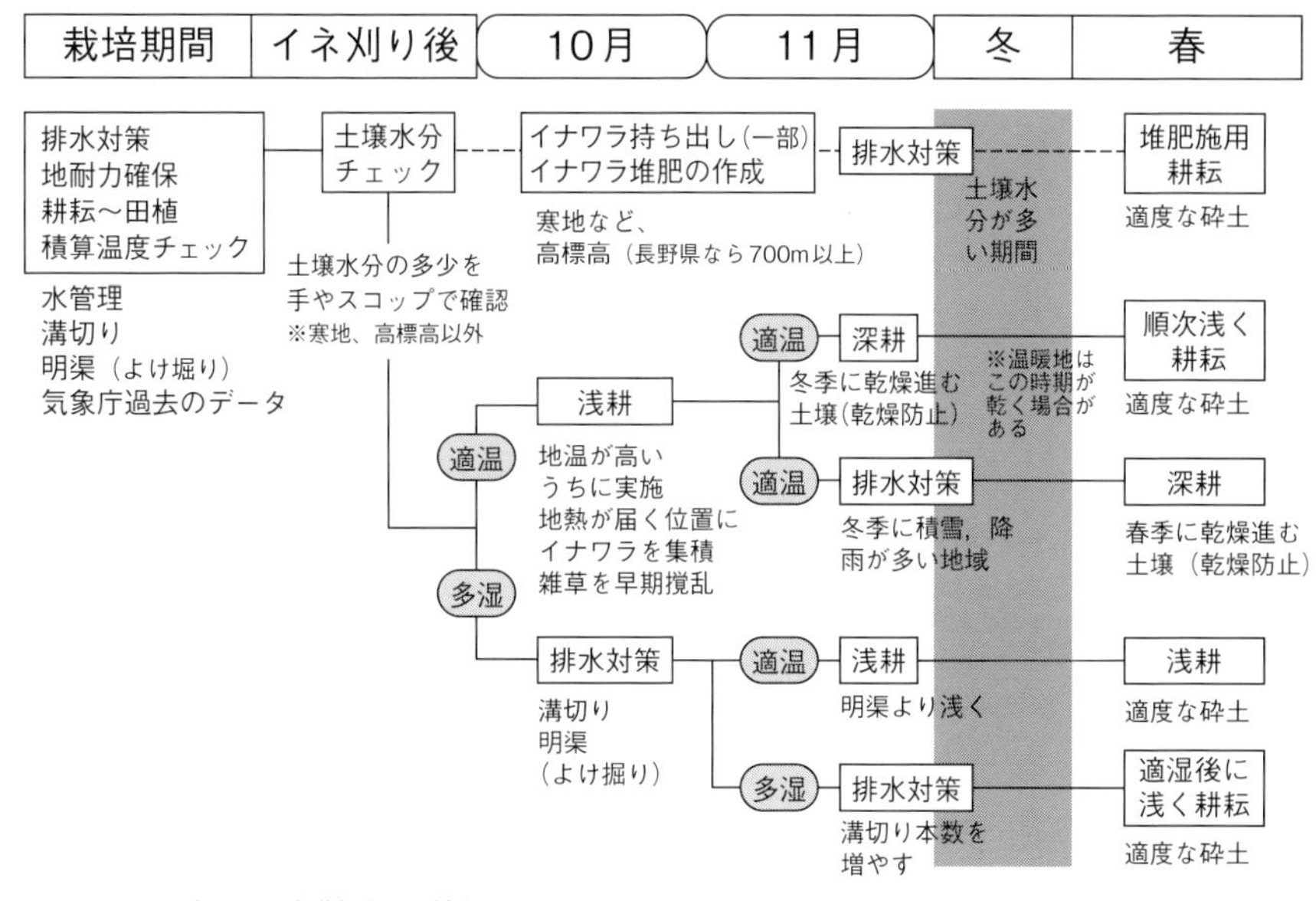

図3　秋処理（耕耘）の状態別フロー

するイメージが重要だ。先述の通り、ムギが育つような条件が理想だ。

堆肥化には、「通気性確保」「水分調整」「温度管理」が大事になる。それを田んぼの土中で行なうイメージでその環境を整えられるように、中干し以降の栽培管理からの排水対策を意識する。そして、練り込むような土壌水分の時には耕耘はせずに、スコップで掘って土が剥がれるような状態の時に耕耘する。

耕耘前と、その後の土壌水分の状況に応じた対応を、図3にまとめてみたので参考にしてほしい。

2　有機物の施用

(1) 有機質肥料の考え方

本節では、おもにチッソ施用の観点で記述する。第2章でも触れたが、土壌の物理性やpH、塩基バランス、塩基飽和度などが問題なければ、あとはチッソ施用の加減が重要になる。また、有機質肥料◆はそれぞれN・P・Kなどの含有率が異なるため、連用によるバランスの悪化には気をつける。数年に一度は土壌分析を行なって状態を把握したほうがよい。また、有機質肥料も使い方を誤ると異常還元によってイネの生育遅滞が起こるので注意が必要だ

◆は「ことば解説」参照

（序章と第1章）。

序章の図11で触れたように、目標とする田んぼは、育土で高い地力を維持し、収量・品質が高く、生物が豊かなために特定の病虫害や雑草害（が発生する必要）のない状態になっていると考える（⇩24～25ページ）。土が育っていないと、さまざまな資材やエネルギーを投下する必要性が高まる。有機質肥料も然りだ。

当センター開設当初の田んぼでは、慣行栽培並みの収穫量を得るためには、慣行栽培（長野県施肥基準チッソ6～11kg／10a）の10kgに対し、1・4倍量のチッソの施肥が必要であった。有機質肥料の肥効率はだいたい70%と言われているからだ。

しかし、これを続けていくと倒伏や品質の低下が見られる。そこで施肥量を減らしていく。現在では6・5kg／10aで問題なく育ち、品質もよい。やはり土は変化していくのだ。まずは目標収量の設定もあるが、都道府県の施肥基準などが参考になる。

土質にも注目したほうがよいだろう。同一気象条件で収量が同程度の場合、強粘土や排水不良ほど施肥量が少ない傾向で、排水がよい圃場ほど施肥量が多い傾向にある。排水がよい圃場を改良する場合は、粘土資材を活用するとよいだろう。

このように、歴年の施肥量や土質など、さまざまな要因によって土は育ち変化していくので、状態に応じて有機質肥料の使い方を考える。

有機質肥料は、米ぬかや油かすなど有機物単体のものから、混ぜたり、加水して発酵・ボカシ化したもの、粉状や粒状などさまざまある。保有する労力や機材（ライムソワー、ブレンドキャスター、動力散布器、手散布）などから使いやすい形状のものを選ぶのがよいだろう。

自作の有機質肥料作成法として、ボカシの作り方を「コラム」に紹介した。参考にしていただければと思う。持続性を考慮するなら、地域資源を活用して地域内循環することが望ましい。

以下、本節では、土壌がある程度育っている場合の有機物施用量を記述する。もちろん、施肥量は気候や土質、土の育ち具合によって変わることに留意いただきたい。また、当センターではチッソ施肥量のうち、半分を元肥として施用し、残り半分を田植え後に田面施用することを基本として指導しているので、それに基づいて記述する。

(2) 元肥の施用

① 基本型（秋の元肥）

元肥は、秋のイナワラすき込み前に散布するのが理想である。施用量は、チッソ成分で3～4kg／10aが目安になる。排水が適切であれば、この時期は田んぼに機械や軽トラで入っての作業ができるので、労力や機材に応じてどんな形状の肥料でも使用可能だ。

間に合わなければ、イナワラすき込み後に散布して耕耘してもよい。ただし、地温が高いうちに施用する。秋の早い時期の施用は、イナワラの分解促進に働く。

②応用型（春の入水前の元肥）

元肥施用の応用型として、2回代かきとセットで春の入水前に施用する方法もある。2回代かきとは、荒代かきと、その後に湛水状態を継続して雑草が2葉期になる頃に植代かきを行なうことである。

入水前に施用すると、養分供給効果が高いいっぽうで、異常還元も起こる。しかし、湛水期間を長く（有効積算気温10℃で計算した場合、105〜130℃）取る間に、危険な状態は収束する。入水時の養分の溶脱も少ないことから効率もよい。

ただし、代かき回数が増えることによる踏圧やハローによる物理性悪化が起こらないように、代かきのしすぎに注意する。

③すき込みの深さ

有機質肥料の施用には、すき込みの深さも重要になる。地温は地表面に近いほど温かく、酸素も多く、生物活性が高いので、浅く施用すると早めに肥効が現れ、深く施用するとゆっくりと肥効が現れる。気候や土質、イネと雑草との駆け引きの観点から適正な養分供給になるように工夫する。

例えば、浅い耕耘（5〜7㎝）は乾きやすく、深い耕耘（12〜20㎝）は湿り気を維持しやすいため、気候や土質で選択する。具体的には、日本海側気候でグライ低地土などの水はけの悪い土壌では、秋は浅耕と明渠などの排水対策を実施して適正な土壌水分維持に努める。春以降は多年生雑草が多発する田んぼや肥効を長くしたい場合には深耕を選択する、などである。

いっぽう、太平洋側で黒ボク土などの水はけのよい田んぼでは、秋処理は浅耕としてイナワラの分解を促し、気温の下がる11月下旬に深耕して土壌水分の維持に努める。春以降は表層の砕土を兼ねて徐々に浅耕にするなど工夫する。

また、雑草によって耕耘深度を考えてもよい。深い耕耘は排水性の改善につながり、多年生雑草の生存率が下がりやすい。いっぽう、種子繁殖の1年生雑草は、埋土種子を掘り上げないように浅耕耘にするとよい。このように耕耘は、排水性やイナワラ分解、雑草の撹乱など多面的に影響するので、それらを総合的に考慮して実施したい。

(3) 田植え後の追肥

① 施用量

田植え後に米ぬかなどの有機質肥料を田面施用することは、イネの初期生育を助け、分解時の有機酸生成やイトミミズ類の活動による雑草種子の埋没、田面水の濁りによる遮光など、複合的な要因で抑草に貢献する。

施肥量は元肥と同様、気候や土質、土の育ち具合によって変わるが、チッソ成分で3～4kg／10aが目安になる。先述の通り、暖かい時期に合わせた遅めの田植えと田植え後施用はイネの初期生育促進に貢献する（⇩40～42、46～48ページ）。

写真7　背負式動力散布機を台車に固定して追肥を施す様子

② 散布法のいろいろ

代かき後は、田んぼのなかを歩いての追肥散布は重労働だ。その負担を軽減する方法をいくつか紹介する。

粒状側条施肥機つきの田植え機なら、簡単な改造で田植え時に粒状有機質肥料の散布が可能だ。また、田植え機にライムソワーを装着して散布する方法もある。

背負式動力散布機であぜから散布する方法もある。この方法は田んぼに入らずに済むのがメリットだが、重いのが欠点だ。そこで当センターでは、背負式動力散布機を車輪付き台車に固定し、あぜから楽に散布している（写真7）。参考にしてほしい。

(4) 穂肥

すでに述べたように、穂肥の実施は慎重に判断する。葉色カラースケールがあれば、出穂40日前頃に確認し、5以上あれば追肥は必要ない。4以下であれば、チッソ2kgを目安にし、出穂28～30日前に施用する。背負式動力散布機であぜから粒状の有機質肥料を散布すると楽である。

葉色カラースケールでの診断のほかに、ヨード反応による葉鞘染色割合で追肥を決める方法もある。図4に示した手順で葉鞘部分をヨードチンキに浸して染色率を割り出す。「山田錦」の例だが、染色率が50％あればチッソ

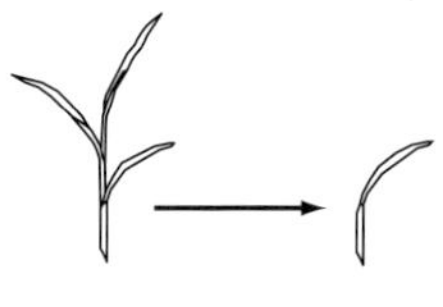

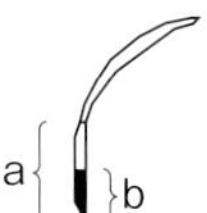

図4　ヨード反応による追肥の判断
（加西農業改良普及センター・JAみのり東条営農経済センター 2014より作図）

1・5～2kg／10a、40%なら1～1・5kg／10a（または追肥しない）、30%未満なら追肥しない、などである（農研機構生物系特定産業技術研究支援センターら2011、加西農業改良普及センターら2014）。ただし、施肥量については、元肥と同様に品種や地域ごとに施肥基準が設けられているので参考にしてほしい。

(5) 緑肥利用の留意点

近年、緑肥への関心が高まっている。田んぼでの緑肥利用は、レンゲ栽培など古くから行なわれてきた。そのほか、ヘアリーベッチやシロクローバーの活用などもある。

これらの緑肥はイネの裏作として栽培し、イネの栽培前にすき込むことで土壌に有機物を供給する。養分の供給、チッソ固定、土壌侵食の防止、土壌物理性の改善、外部から持ち込む堆肥などの代替になる、などのメリットがある。いっぽうで、肥効のコントロールが難しく、還元量やすき込み時期、すき込み深度、入水までの分解のさせ方などに留意する必要がある。

特に還元量は圃場の排水性や気象条件、刈り取り時期で変動するので注意が必要だ。ここがうまくいかないと、未熟有機物の存在により異常還元の影響が出たりする。

緑肥活用は地域性も見られることから、県や農業団体などのマニュアルを参考にしてほしい。

3　育苗の実際

(1) プール育苗がおすすめ

プール育苗は、病気の発生が少ないため、有機イナ作ではおすすめだ。ま

写真８　ハウスプール育苗の様子

た、温度管理と灌水に手間がかからないのもメリットだ。このうち、低温期や寒冷地ではハウスプール育苗が（写真８）、暖かい時期や温暖地では、露地プール育苗や折衷苗代が適している。

課題としては、苗箱を置いた時にすべての苗箱が均等に水に浸かるようにしなければならないので、高低差なく整地する精度の高い作業が要求されることである。

ポット育苗は、培土が少ないため、箱下の土（地床）に根を広げられる苗代が適している。

以下にプール育苗を念頭に置いて、準備や管理方法を記載する。

(2) プールの造成

苗の生育をそろえるために苗床は平ら（高低差1㎝未満）にする。あわせて、出芽時の水分管理、湛水と排水が容易にできるよう、水路と排水を確保する。手順は以下の通りである。

①予定地を浅く耕耘する（写真９）。
②トンボなどで簡単に整地し、灌水する（写真10）。
③小型のクローラ（施肥機やワラカッター）などで踏圧し、入水する（写真11）。
④トンボで大まかに水平を取る（写真12）。
⑤乾燥させる（写真13）。
⑥長めの直管パイプと水平器を用いて均平を出していく（写真14）。
⑦高いところを削りトンボで低いところに土を移動して精度を高める（凹凸は砂やくん炭などを使用して調整してもよい）（写真15）。傾斜が大きい場合は仕切りを作ることで小面積ごとに均平を図る。
⑧最後に枠を設置し、防草シートを敷いてからビニールやブルーシート（＃３０００以上）などでプールを完成させる（写真16）。

(3) 育苗培土の準備

育苗培土は、有機に対応した市販の育苗培土もあるが、自作するのもよい。育苗培土の選択は、市販の無肥料培土などとボカシを混ぜて熟成させる「長期熟成型」と、培土を無肥料培土

写真9　予定地を浅く耕耘する

写真10　トンボなどで簡単に整地し、灌水する

写真11　小型のクローラ（施肥機やワラカッター）などで踏圧し、入水する

写真12　トンボを使い大まかに水平を取る

写真13　乾燥させる

写真14　長めの直管パイプと水平器を用いて均平を出していく

写真15　高いところを削りトンボで低いところに土を移動して精度を高める

として出芽後にアミノ酸主体の液肥で養分を補いながら育苗する「液肥利用型」がある。

ポット苗など地床で育苗する場合は、苗床を整地する前までに地床に有機質肥料を施用する（入水前に散布してすき込む）。マット苗の場合、苗が利用するチッソ成分量は、中苗育苗で平箱1枚当たり2・5g、成苗で3・5g程度が目安となる（稚苗育苗では1・5gが目安だが、有機イナ作ではおすすめしない）。

写真16　防草シートを敷き、さらにビニールやブルーシート（#3000以上）などでプールを完成させる。写真左側の溝（矢印）は排水対策

プール育苗など地床のなかへ根を伸ばせない育苗では、中苗で3g、成苗で4・5g程度が適当だろう。「長期熟成型」の育苗培土の作成は、田んぼの育土（土づくり）に似ており、有機物を上手に分解させるための理解とトレーニングにつながるはずだ。「液肥利用型」は苗をよく観察して追肥で養分を与える。いずれも初めての年には、20箱程度から試験的に始めるとよい。

注意点としては、市販培土や自家製培土でも、乾燥してしまうと撥水してしまい、播種時に灌水しても水が素通りして水分ムラによる出芽不良が生じやすいことである。それを防ぐために、播種前に培土の水分を確認し、不足するようなら軽く湿るように水分を調整する。

表4　長期熟成型育苗培土1段階目の材料（20箱分に必要な材料） 注1)

材料	量	備考
土	15ℓ	水田表土や山土を5～6mmの篩で調整したものか、市販の無肥料粒状培土を使用する
もみがらくん炭	15ℓ	用土のpH上昇を防ぐため、くん炭の作成時には、焼きすぎに注意し、灰分を少なくしたほうがよい
米ぬか	4kg	ボカシⅠ型 注2) でもよい
ゼオライト	5ℓ	pH5.5前後の細粒のものを用いること

注1）培土全量の3分の1を使う
注2）ボカシⅠ型は115～117ページ参照

①長期熟成型の場合

長期熟成型の作成は、2段階で行なう。まず、「1段階目」では、育苗培土全量の3分の1程度の量を熟成させる。熟成期間は、最低30日程度は必要だ。続いて「2段階目」は、できあがった第1段階目を残りの土に混合し、10日程度熟成させて使用する。

育苗培土の原土は、酸性の山土の心土から採取されたもので、粒状で酸性の無肥料培土が作られている。中性に近い培土の場合、苗立ち枯れ病菌の活動を抑えるために、酸度矯正をしたほうが安全だ。

酸度矯正には、pH無調整のピートモスを混合してpHを下げる方法が簡単だ。簡易のpH測定などで混合比を確認する。ただし、ピートモスを加える場合には適量の水分を添加し、ピートモスが乾燥して撥水しないように注意する必要がある。

そのほか、有機JASでは硫黄の使用が許容されている。ただし、硫黄が効き始めるには添加してから1カ月程度かかるうえ、pHが下がると有機質肥料の分解が停滞するため、分解を一定程度進めてからpHを下げる材料を混合するなど、時間をかけて培土を仕込む必要がある。

(a) 1段階目の作成

1段階目は、混合する有機質肥料の分解を進めるため、寒冷地では遅くとも前年秋（8～9月）に仕込むようにする（表4）。

まずは、材料をムラのないよう混合する。その後、水分40%程度に調整する。この水分は、握ると固まり、少し触れれば崩れる程度である。当センターでは、EMの100倍希釈液を使用して水分調整している。高さ20～30cm程度に積み、ムシロや古毛布などで覆い、

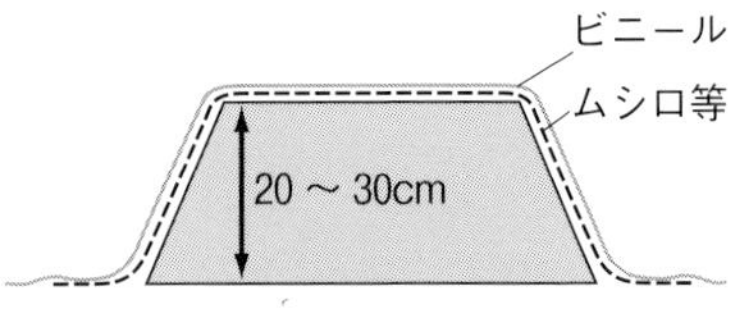

さらにビニールシートなどをかぶせて分解を促す（図５）。

発熱が始まったら、50℃以上にならないよう切り返しを行なう。発熱によって培土が乾いたぶん、切り返しのたびに水分を調整する。発熱→切り返し→水分調整を繰り返し、水分を加えても熱が出なくなれば完成だ。

重要なのは、微生物の力を借りているということ。なので、温度があるうちに仕込むことがポイントだ。時間が取れるからと冬に仕込んでしまうと、低温の影響で有機物の分解が不十分となり、播種してからの温度と水分の添加によって再分解が始まり、出芽に対して障害が起きたり、病害に侵されたりするリスクが高まるので注意が必要だ。

図５　育苗用土の養生

(b) ２段階目の作成

播種の15日前には、完成した1段階目を、土、もみがらくん炭とムラのないように混合し（表５）、水分を調整（湿る程度）した後、乾燥しないように覆っておき、10日以上熟成させたら使用できる。

② 液肥利用型の場合

長期熟成型で培土を製造するには、前年からの作業が必要になる。しかし、作業性や堆積場所などの事情からそれが困難な場合には、簡易な方法としてアミノ酸主体の有機液肥（フィッシュソリブルなど）を追肥していく方法がある。

(a) 育苗培土の作成

液肥利用型は材料を混合して完成後すぐに播種するので、製造は使用する前日～当日に材料を準備する（表６）。

育苗培土を製造する前日に、有機液肥を数倍に希釈してもみがらくん炭にムラなく吸着させておく。製造当日に材料をよく混合して完成だ。

別途、覆土には市販の無肥料粒状培土を（20ℓ／20箱）準備しておこう。

(b) 育苗期間における追肥

この培土は、育苗期間中、本葉が1枚展開するごとに追肥をする（表7）。苗の養分吸収を促すために、液肥散布をする前に落水しておく。最低気温が12℃以上であれば前日から落水してもよいだろう。

表5　長期熟成型育苗培土２段階目の材料（平箱で約20箱分の材料）

材料	量	備考
「1段階目」	35ℓ	表4で完成した量
土	35ℓ[注)]	水田表土や山土を5～6mmの篩で調整したものか、市販の無肥料粒状培土を使用する
もみがらくん炭	35ℓ	用土のpH上昇を防ぐため、くん炭の作成時には、焼きすぎに注意し、灰分を少なくしたほうがよい

注）この量は覆土も含む

表6　液肥利用型育苗培土の材料（平箱で約20箱分の材料の目安）

材料	量	備考
土	40ℓ	市販のpH調整された無肥料粒状培土を使用する
もみがらくん炭	40ℓ	用土のpH上昇を防ぐため、焼きすぎに注意し、灰分を少なくしたほうがよい
有機液肥[注)]	80mℓ	1箱当たり4mℓ（N＝0.24g）

注）有機液肥はチッソ成分6％として計算

表7　液肥散布のタイミングと使用量の例

	散布タイミング	液肥（チッソ6%として計算）使用量
第1回目	1葉展葉時～2葉抽出時（不完全葉は数えない）	有機液肥200mℓ/20箱（10mℓ/箱）
第2回目	2葉展葉時～3葉抽出時（第1回から1週間程度）	有機液肥300mℓ/20箱（15mℓ/箱）
第3回目	3葉展葉時～4葉抽出時（第2回から1週間程度）	有機液肥400mℓ/20箱（20mℓ/箱）
第4回目	苗の葉色低下や下葉の黄化が見られる場合、5葉以上の苗を育成する場合に実施	有機液肥200～400mℓ/20箱（10～20mℓ/箱）

実際には、育苗箱20箱に対して、水6～8ℓに上記の有機液肥をよく溶かし、ジョウロなどで散布する。液肥散布後は真水をサッと灌水し葉に付着した液肥を洗い流す。順調な生育を促すために水温は高めを維持したいので、液肥散布は8～10時くらいに行なうのがよい。まずは十分に吸収させ、午後にはプールや苗代に再入水する。

(4) 種もみの準備

① 育苗の箱枚数

1箱当たり播種量と必要苗箱数は、目標とする苗質と栽植密度に応じて決める。有機イナ作では、中苗～成苗を育成する。そのためには、稚苗よりも1箱当たりの播種量を減らす。平箱の場合は、条播できるうすまき専用の播種機（**写真17**）を使うなど、田植え機の掻き取りピッチに合わせたスジまきにするかして欠株が起こらないように

表8　栽植密度に応じた播種量と必要苗箱数[注3)]

播種量（乾籾g/箱）	種類	苗大	箱当たり粒数[注1)]	箱数/10a	$1m^2$当たりの栽植株数（坪）	株当たり植え付け本数[注2)]
160	平箱	稚苗	6,400	18	24（80）	4.8
120	平箱	中苗	4,800	21	21（70）	4.8
80	平箱	中苗	3,200	24	18（60）	4.3
40	平箱	成苗	1,600	30	12（40）	4.0
	ポット	成苗	1,500	30	12（40）	3.5

注1）乾籾千粒重25g、催芽籾30gとした
注2）苗立ち率100％とした
注3）苗立ち率や田植え機のかき取り設定により必要箱数や植え付け本数は変わる

写真17　条播できるうすまきオート播種機

工夫する。

また、植え付け本数も想定して、表8を参考にして種もみの準備や播種計画を立てる。

②種もみの準備

自家採種の場合は、種もみに傷がつかないよう、丁寧に脱穀、脱芒、粒径選別（2・2㎜）を行なう。脱芒と粒径選別は、もみ乾燥後に行なう。

写真18　塩水選。比重の軽いもみを除去する

購入種子の多くは、前記手順で採種されているので安心だ。浸種や温湯処理前に比重1・13（水18ℓに対し食塩4・8kg）の塩水を作り、種もみを塩水のなかに入れ、浮いた種もみを取り除き（**写真18**）、充実した種もみを選別する。塩水選後、種もみをすぐに水洗いする。

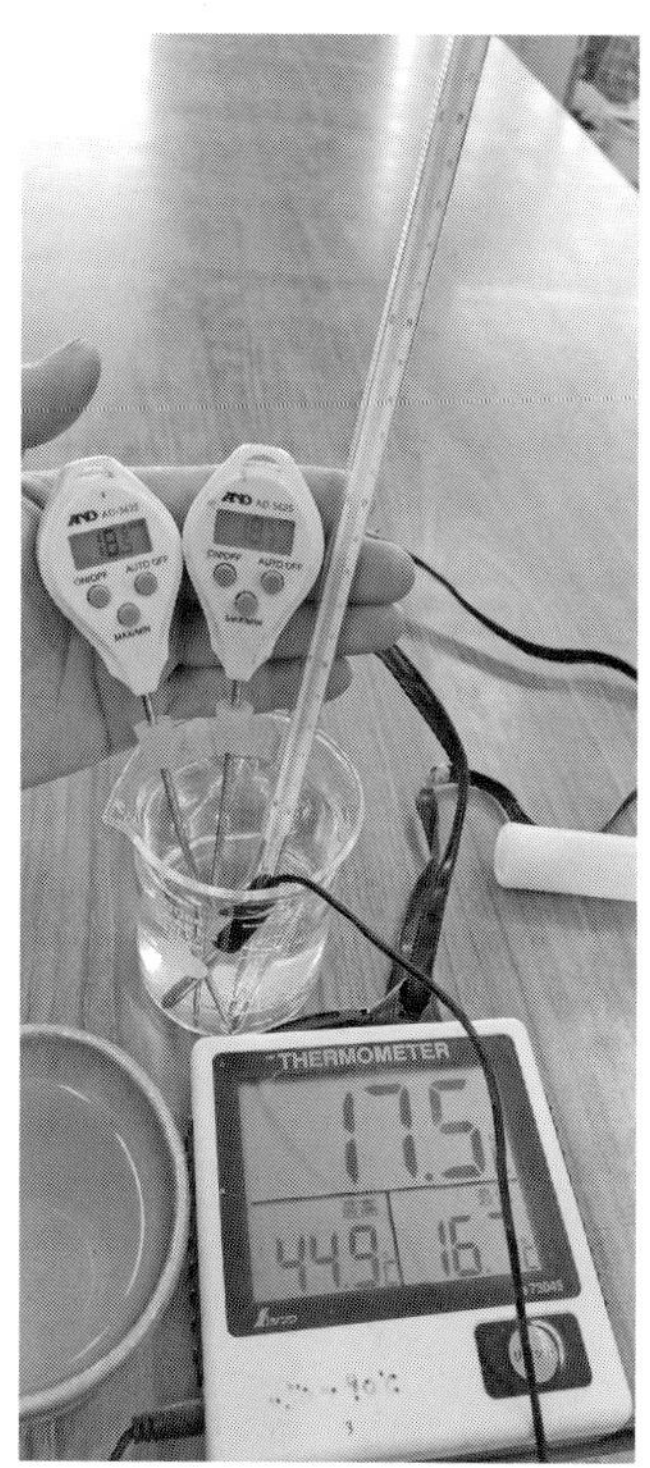

写真20　使用する温度計を標準温度計（棒状のもの）と比較し精度を確認する

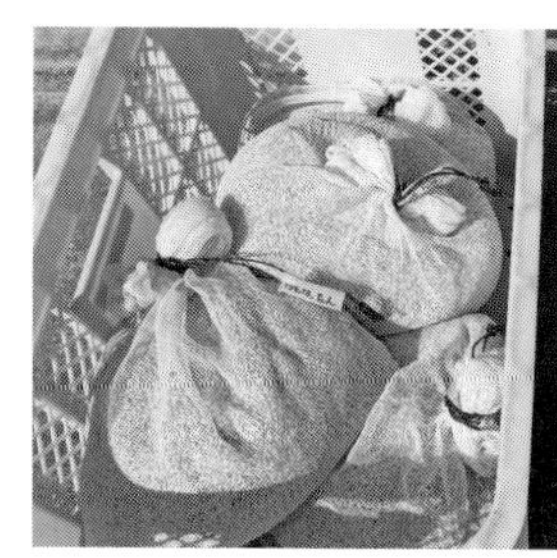

写真19　ネットに2kgの種もみを小分けしたところ。複数の品種を取り扱う場合はラベルをつける

③ 種子消毒

よい苗の育成には、健康で活力のある状態を維持する必要がある。種子や培土、育苗環境など病害に侵されないような配慮が必要だ。

ポピュラーな方法に、温湯処理がある。高温のお湯にさっとくぐらせることで、種子伝染性病害（ばか苗病、いもち枯れ細菌病、いもち病など）の発生を抑えることができる。うるち品種では60℃10分または58℃15分と言われるが、品種によって苗立ちへの影響が異なるため、確認が必要だ。また、もち品種は温湯消毒によって発芽率が低下しやすいので、温湯消毒を控えるか、あらかじめ発芽率の低下を見越して1～2割程度多めに播種する。

以下に温湯処理の手順を示した。

(a) 種もみの用意

種もみ（乾もみ）を網袋に入れる。1袋に入れるもみの量が多いと袋のなかで温度にムラができてしまうため、1袋に入れる量は3kg用のネットに2kg程度とする（写真19）。

(b) 塩水選後の温湯処理の注意点

温湯処理は、塩水選後1時間以内に行なわないと発芽不良を起こす可能性が高まるため、必ず温湯処理がすぐに行なえるように事前準備は念入りに行なうことが非常に重要である。

温度計の準備も重要である。1℃のズレがあっても苗立ち率に影響が出る

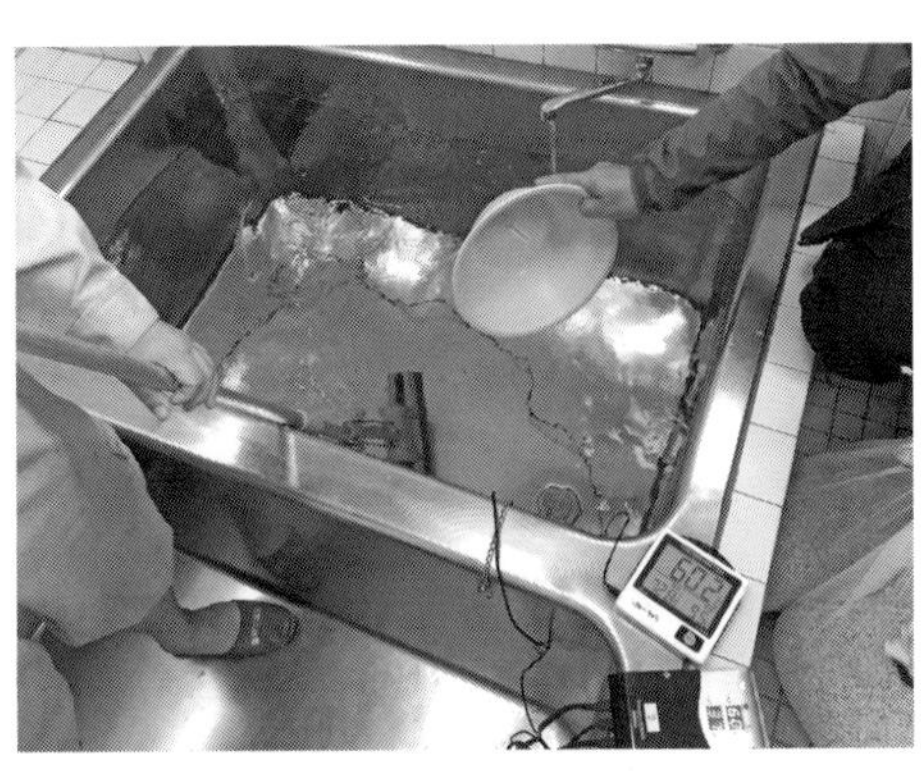

写真 21　お湯の用意。容積の大きい容器のほうが湯温の変化がしにくい

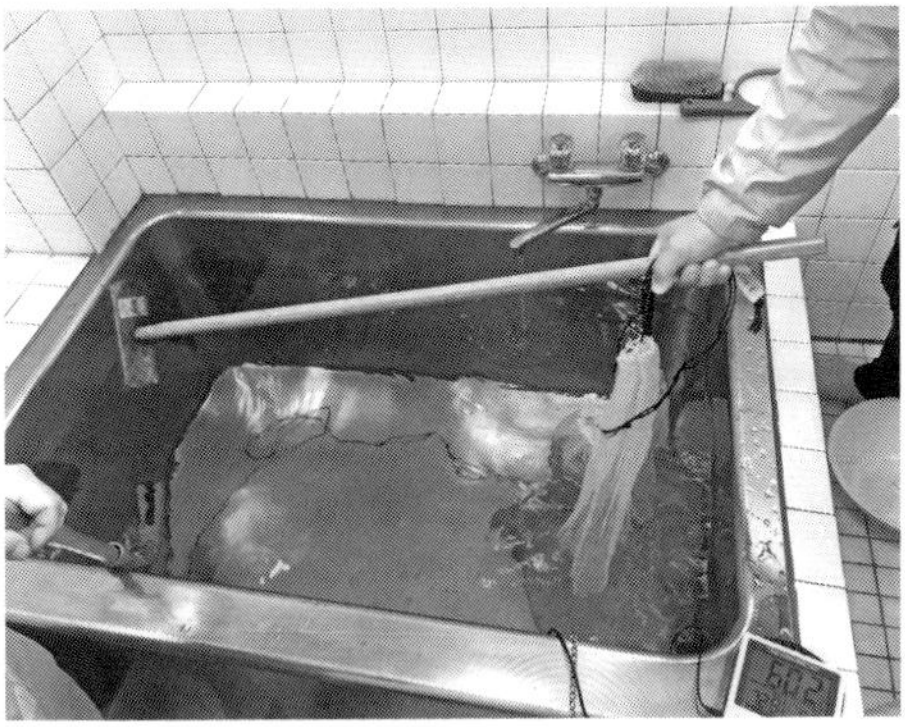

ため、標準温度計と比較してズレの有無を確認しておこう（写真20）。

また、塩水選後1時間以上経過した場合は、その日は温湯処理を行なわず、塩水選後に洗浄した種もみを十分乾かし、後日に温湯処理を行なう。この乾燥が不十分だったり、温度管理が不十分だったりすると発芽しないケースもあるので、注意が必要だ。

写真 22　60℃のお湯に浸漬

(c) お湯の準備

種もみ2kgにつき、お湯を約40ℓ（60～63℃）用意する（写真21）。このほかに、湯温調節用として65℃くらいのお湯（かけ湯）を用意する。温湯処理後の冷却用の水もバケツなどの容器に用意しておく。

(d) 温湯処理

種もみに一度かけ湯をしたのちに、袋ごと60℃のお湯に浸漬し、すみやかに袋を上下に揺すって種もみ全体に温湯を届かせる（写真22）。処理中は温度計を常に確認して60℃より下がる場合はお湯を足す。

(e) 冷却

10分浸漬したら、種もみをお湯から上げて直ちに冷却用のバケツに移して流水で冷やす。特に袋内部には熱がこもるため、手で揉みながらかけ流す。冷却後はそのまま浸種作業に移る。

④ 浸種・催芽

発芽ぞろいをよくするため、一般的には、水温は12～15℃が推奨されている。当センターでは、12～13℃で実施している（写真23）。水温が低すぎて浸種期間が15日以上要したり、逆に水温が20℃以上での浸種は、病原菌の感

表9　浸種水温条件と出芽・苗立ち（播種6日後）（岩手県農林水産部 2023）

	温温区	冷温区	冷冷区
1日目水温（℃）	13	5	5
2～10日日目水温（℃）	13	13	5
出芽率（%）	87	53	1

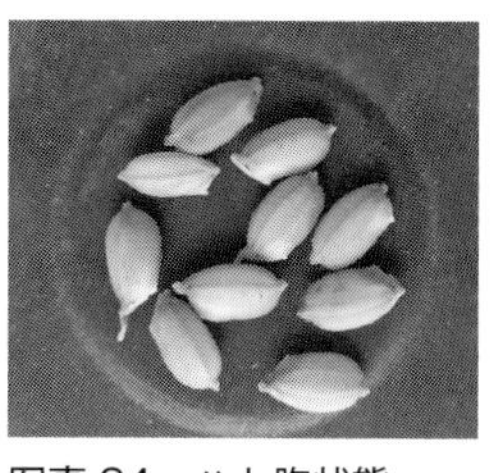
写真24　ハト胸状態

写真23　催芽機の設定

染リスクが高くなるので厳禁だ。

実施場所は、温度変化の小さい場所を選ぼう。できれば循環式催芽機があったほうが、温度制御も含めて都合がよい。それ以外には、凍結防止用ヒーターとポンプで水を循環させる方法がある。水温が変動しないように管理するのがポイントだ。水が濁ってきたら適宜水の入れ替えを行なおう。納屋や倉庫内でヒーターを使用せずに浸種をすると意外と水温が低くなる場合がある。低温浸種は出芽や苗立ちに悪影響を与えるので注意が必要だ（表9）。

また、北海道での例だが、温湯処理後の低温浸種（8℃以下）は出芽率が低下した（JA北ひびきら2013）。本州の品種においても同じような挙動になるかは不明だが、いずれにしても10℃未満の低温浸種は避けたほうがよいだろう。

催芽は芽長をそろえるために重要な作業だ。細菌病などの多発が懸念されるため、催芽温度は高くしすぎないように注意する。水温は30℃に設定し、15～20時間で均一に催芽（ハト胸状態）させる（写真24）。芽が出すぎると播種がスムーズにできないので、開始15時間後くらいから出芽の状態を確認する。

なお、イネ褐条病の予防のために、温湯処理した種子に食酢処理を行なう場合もある（⇩148ページ）。

⑤ 播種

播種前の種もみは、陰干しをしておこう。種もみの水分が多いと、播種機でうまく蒔けなくなる。マット苗で中苗以上を育成する場合は播種量を少なめにするが、少なくするほど田植え時の欠株リスクが高まる。そうならないよう、条播できるタイプの播種機がおすすめだ（写真25）。

(5) 育苗管理

育苗ステージによって最適な温度と水分が異なるので、細やかな管理が重要だ。

① 育苗時の温度

できる限り最適温度をキープしたいが、急な温度変化（昼夜の温度差が15℃以上）は病害・生理障害を誘発するため、天気予報などを確認して、早めにハウス開閉や、保温覆材、暖房器具などの要否を判断して温度を適切に保とう。

(a) 出芽時

最適温度は25～30℃。プールに平置きする場合は被覆資材や保温資材で覆い、温度と水分を維持する（写真26）。出芽後は葉齢が増すに従って温度を少しずつ下げていく。

(b) 1葉期

気温12～25℃の範囲。出芽ぞろい、緑化～硬化を迎え、第1葉の長さが寒冷地で15㎜、温暖地で5㎜程度を目安に日差しが強くならないうちか曇天時に被覆資材を取り除く。換気は外気温

写真25　うすまきオート播種機による条播の様子

写真26　当センターでは、播種後の平置き出芽では本州太陽シートを使用している

写真27　ポット苗での湛水は箱のふちよりも低くする

注）写真はやや特殊なポット苗のプール育苗の場合で、下には砂と断根シートが入っている

との差が少ない朝に開始する。

(c) 1・5葉~2葉期（離乳期）

気温12~22℃の範囲。この頃は特に低温（7℃以下）に当てないよう注意する。ムレ苗や苗立ち枯れが発生しやすい時期のため、温度の急変に注意する。

写真28　除覆後に苗箱の高さ半分程度に入水して低温から保護する

(d) 2葉期以降

気温10~20℃。温度の上がりすぎは徒長苗になるため温度管理に注意する。最低気温が5℃未満にならなければハウスのサイドビニールを開放しておく。

(e) 田植え1週間前

順化させる。十分に生育したら、徐々に外気温にならす。

② 育苗時の水管理

水深は、苗の生育ステージに応じて調整する。葉が浸かる程度の湛水では保温性が高くなるが葉が伸びやすく、畑水分になると保温性は劣るが根が伸びやすくなる。根張りが悪い場合は、保温の必要がない場合に落水して根の活性維持を図る。

ポット育苗での注意点としては、水位が育苗箱より高いと「根わたり」してしまい、植え付け不良の原因となるので注意する（**写真27**）。

(a) 播種後~出芽ぞろい（全体の8割以上）まで

保温シートを被覆したまま播種時の水分を保持し、出芽ぞろいを待つ。

(b) 出芽ぞろい~1・5葉期まで

被覆資材を取り除いた後、土表面の乾きすぎを確認した場合は散水するのが基本だ。出芽ムラがなければ、省力的に管理を行なうために被覆資材を取り除いた後は箱の半分程度の高さまで入水する（**写真28**）。早期に湛水するためには、浸種や催芽を丁寧に行ない、出芽をそろえることが重要だ。

(c) 1・5葉期~田植え前日まで

1・5葉期を過ぎてからは、苗箱のふちの高さより低く湛水し（**写真29**）、夜間低温（10℃以下）が予想される時には、苗箱の高さ以上に水位を上げて保温に努める。逆に、気温が高

写真29　1.5葉を過ぎたら湛水は箱のふちよりも低くする

写真30　田植え前に落水し、仕上がった苗

くハウスを全開しても温度が30℃以上になりそうな場合は、プールの水を交換するなどの対応が必要になる。

　プールに湛水したら、基本的にはハウスのサイドビニールは昼夜開放して十分な換気を行なう。夜間も水で根元が保温されるため、通常の育苗に比べて苗丈が伸びやすくなるので注意する。

(d) 田植え直前

　1～2日前には落水して苗箱を軽くしておく（写真30）。ただし、プール苗は他の育苗方式の苗よりも乾燥に弱いので、田植え当日は圃場で長時間放置して萎れないよう必要に応じて水やりなどを行なう。

4　代かきの実際

　代かきの目的は、①田面を均平にする、②土を軟らかくして苗を植え付けやすくする、③漏水を防ぐとともに水を溜める、④肥料と土を混和する、⑤ワラや雑草およびその種を土中に練り込む、⑥土中の有害なガスを抜く、などであろう。上手な代かきを行なうことで、田植え時の欠株や浮き苗を減らし、苗の活着やその後の生育がよくなる。

　田植えまでに田んぼをうまく仕上げるには、前工程からどのようにつなげていくかがポイントになる。まずは、秋の耕耘から均平がスタートする。春になったら適度な砕土、荒代かきで仕上げの均平を図る。

　植代かきは、その均平を壊さないように機械操作をあっさりと、日減水深は10～30㎜に調整する。こうした調整の作業練度を上げていくには、機械作業の設定などの記録と日減水深の把握をするとよい。

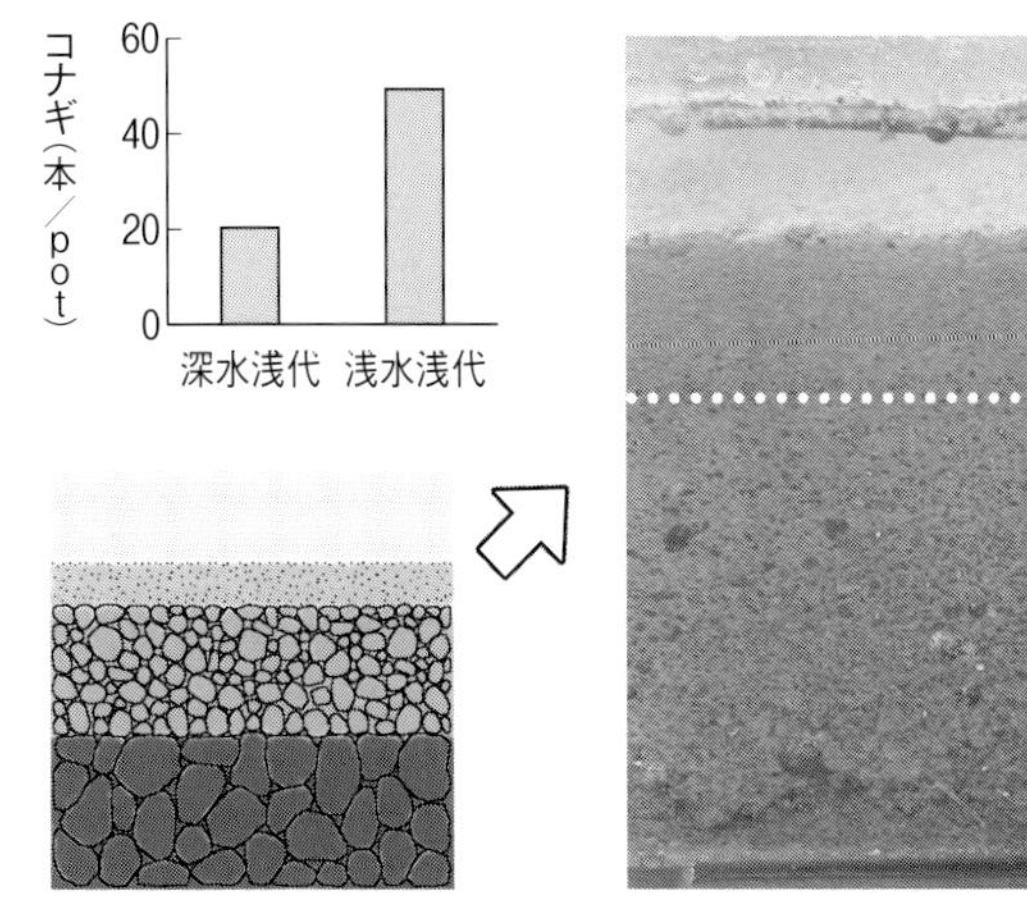

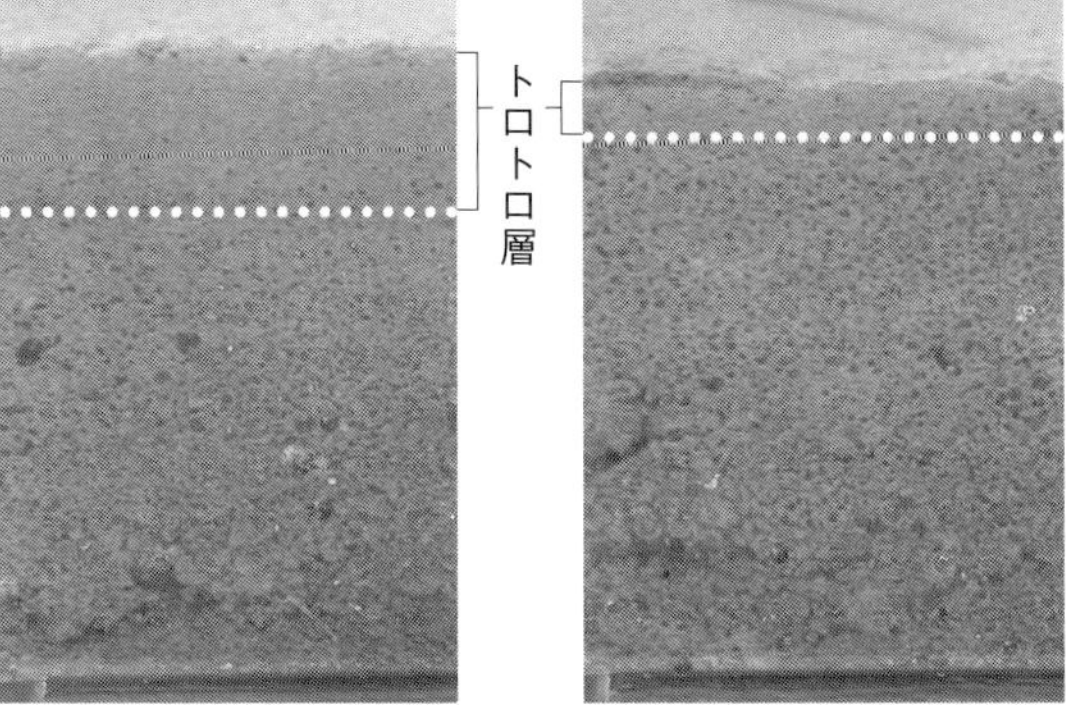

図6　表層はトロトロ、下層は次第にボソボソでコナギの発生が少なくなる（林ら2004）

注）点線はトロトロ層（微粒子層）の境界を示す

(1) 表層は細かく、適度な透水性に

序章で示したように、田植え時には鋤床層、ボソボソ層、トロトロ層の三層構造が形成され、かつ日減水深は耕耘や代かきで20㎜（10～30㎜）程度に近づくようにすることが理想である（⇩17ページ）。理想的な状態に近ければ、イネの根張りがよく雑草が生えにくくなる（図6）。植代かき後にこのような状態になるように逆引きしながら、耕耘や砕土の程度を調整する。

例えば、入水後、荒代かきと植代かきを兼ねて1回だけ代かきを行なう場合、秋は土塊の大きい荒い耕耘としても春の入水前までには表層をしっかりと砕土しておこう。代かきで砕土をしようとするとどうしても代かきのしすぎになる傾向がある。

荒代かきから植代かきまで期間をあけるような2回代かきを実施する場合は、入水前までの砕土は少し加減をするとよい。

このように、入水後の代かき回数などと、入水前の砕土をどの程度まで行なうかを考慮し、秋から春の耕耘を計画する。表層のみ砕土をする場合は、土質にもよるがドライブハローやアップカットロータリーなどを利用すると簡単だ。

耕耘と代かきの調整がうまく行かずに、日減水深が1㎝もない場合は、異常還元によるガス湧きや生育遅延が起き、イネの根が上根になりやすく、落水後の葉の枯れ上がりや根の支持部分から転ぶような倒伏が見られる。イヌホタルイやコナギも好適な発芽環境になりやすい。

いっぽう、田植え前後の時期に日減水深が3cm以上だと、水温・地温が上がりにくく養分が流亡しやすい、田植え後の有機物田面施用の効果が低減するなど、イネの初期生育にブレーキがかかる。また、田面への酸素供給量が多くなり、ノビエなどが発生しやすくなる。

適正な日減水深を確保するために、強固なあぜづくりと、土質に合わせた耕耘・代かきを行なうなど工夫する。

(2) 圃場均平の方法

田面を均平にすることは重要である。田面の均平化によって、田植え、水管理、除草作業が精度よくできる。また、ジャンボタニシが発生する田んぼでは共生も容易になる。

いっぽう、田面に高低差があると水位差が生まれ、水管理の難しさやイネの生育がそろわなくなるだけでなく、環境条件の異なる雑草が数種発生して管理が難しくなる。鋤床層の深さが均一でないと代かき時に均平を取ることも難しくなる。ゆえに、収穫直後の耕耘は、耕盤深度の均一性にも意識して作業を行なおう。

田面の高低差が大きい場合は、代かきで補正するのは難しい。補正しきれないばかりか、代かきのしすぎによるマイナス面のほうが出てしまう可能性すらある。よって、その場合は、入水前までにレーザーレベラーやフロントローダー、トラクターダンプなど

写真31　高低差の記録は次年度の均平作業の参考になる

を利用してある程度の均平化を進める必要がある。

トラクターダンプを使用した簡易な均平作業については鳥取県の成果が参考になる（鳥取県農業試験場　2014）。田面の凸凹が近い距離なら逆転でロータリーを回しながらトラクターで前進したり、正転でロータリーを回しながらトラクターで後進するなどで補正できる（興味のある方はYouTubeチャンネル「自然農法センターTV」の「高低差直し」を参照）。

機材がない場合は、スコップと軽トラで運土する。大変な土木作業ではあるが、均平でないと有機イナ作は難しいものになる。代かき時に最終補正を行なうが、ドライブハローがあれば荒代かき前に土引きで土を移動してから荒代かきを行なう。田植え前や、荒代かき～植代かきの間で水位を下げることもあるだろう。その時は写真やタイムラプス、筆記によるイラストなどで高低差の記録をしておこう（写真31）。次年度の均平作業の役に立つはずだ。

(3) 荒代かきの方法

入水したら、3日ほど満水にしておく。その後、水位を下げて、荒代かき前は、土塊の大きさにもよるが、水と土の割合が2：8くらいの浅水になるよう調整する。荒代かき開始前にはあぜ周りをトラクターのタイヤで踏圧し、あぜからの漏水を止める。田面に高低差が見られる場合はまずドライブハローを回転させずに土引きで移動する。

荒代かきは、あぜ周りから作業を開始する。水と土の高さがほぼ同じレベ

写真 32　荒代かきの作業手順

①水と土の割合が2：8くらいの時に（土塊の大きさにもよる）開始する。まずはあぜ周りをタイヤで鎮圧した後に、均平のため田面が高いところを土引きしたりする。②あぜ周りから代かき作業を開始。③水と土の高さがほぼ同じレベルになり均平が取れる（目標高低差は最大で4～5cm以内）

ルになり、均平が取りやすくなる（目標高低差は最大で4～5cm以内）とともに、浮きワラの発生がほとんど無くなる（写真32）。

荒代かきから植代かきまで湛水期間をあける2回代かきを行なう場合は、荒代かきで日減水深を4cm位に調整すると、植代かきでの代かきのしすぎの心配がない。

(4) 植代かきの方法

植代かきには、①荒代かきから同日または数日程度で行なう場合と、②荒代かきから10～20日後に行なう場合（2回代かき）の二つの選択肢がある。①は、秋処理時に元肥も施用して入水までにイナワラが十分分解している場合に選ぶとよいだろう。②は、養分供給効果を高めるために有機質肥料を入水直前に入れる場合や、2回代かきによって機械的にトロトロ層を作る、雑草を除去する、などの場合に選ぶ。

① 荒代かき直後に行なう場合

荒代かきと同時、または数日後に、浅水で深代かきを実施する方法である。健苗を適正な密度で田植えできれば雑草との「よーいどん！」でスタートダッシュを決められる。イナワラがよく分解して浮きワラの心配が少ない場合は、次の深水浅代かきを試してみるのもよいだろう。

② 2回代かきの場合

荒代かきから10～20日後に、深水で浅代かきで行なう方法である。この方法は2003年頃から、当センター普及部主導で技術開発と普及がなされた（林ら　2004）。深水浅代かきとは、水深を5～7cm程度とし、田面から表層5cm程度、代かきする方法だ。水を深く張り代かきすることで土が水とよく混ざり、細かい土が遅れて沈降するため、機械的にトロ土層が形成されやすくなる（図6）。

浮きワラの心配をされると思うが、秋からイナワラをしっかりと分解させておけば、ほとんど浮いてこない。浮いてくる場合は耕耘や排水対策を見直そう。また、浅く代かきをするので、土中深く埋まっている雑草の種を表面に浮かせない利点がある。

ただし、オモダカが多発する田んぼでは、深めの代かきによって塊茎を傷つけることで発生量をいくらか低減できることから、この限りではない。

2回代かき時に代かきで雑草の除去もめざす場合は、荒代かきから植代かきまでの期間を十分取って雑草を発芽させる必要がある。この期間が不足すると雑草があまり出ない状態で植代かきを行なうことになり、田植え後に雑草が多発する。

表10　植代かきまでの湛水期間の違いが田植え後の雑草発生本数に及ぼす影響（本/m²）

	コナギ	他広葉	イヌホタルイ	クログワイ	オモダカ	マツバイ
5/14代かき 5/18田植え	1,200	8,300	1,244	52	30	507
5/14、6/1代かき 6/5田植え	648	2,081	633	26	26	141

注1）長野県松本市標高685mの黒ボク土水田で2010年に試験を実施
注2）5/14～6/1は湛水期間18日で、10℃以上の有効積算気温100日℃を確保した
注3）他広葉はキカシグサ、ミゾハコベ、アゼナ、オオアブノメの合計

いっぽうで、期間が長すぎると雑草の葉齢が進んで（本葉2枚以上だと）除去後に再定着することもあるので、中代かきの実施を検討する。ただし、代かきのしすぎには注意する。

荒代かきから植代かきまでの期間は、ノビエが対象であれば10℃以上の有効積算気温105～130日℃が目安となる。寒冷地では5月25日に植代かきをするなら20日前には荒代かきをし、6月5日に植代かきをするなら15日前には荒代かきを行なう。

温暖地では、5月5日に植代かきをするなら20日前、6月15日に植代かきをするなら10日前には荒代かきを行なう。暖かくなるほど雑草の発生が早まるからだ（⇩53ページ、図18）。当センターの事例では、植代かきと田植えを遅らせると、田植え後の雑草を減らせることが確認できた（表10）。

では、具体的に深水浅代かきの手順を見ていこう。植代かき時の水位は5～8cmに調整する。この深さであれば、ワダチに水が入り込み、5～7cm深の浅い代かきが可能になる。

次に、①あぜ周りを代かき、②圃場内をジグザグ走行する（目印）、③額縁2～3周分を残し（作業機幅に応じ

写真33　深水浅代かきの作業手順

植代かきの水位は5～8cmとする。植代かきの手順は、①あぜ周りを代かき、②圃場内をジグザグ走行する（目印）、③額縁2～3周分を残し内側からワダチを消しながら作業すると代かきの残しがなくできる。最後に額縁2～3周を代かきして退出

て）、内側からワダチを消しながら作業をすると代のかき残しがなく、確実に雑草を処理できる（写真33）。最近ではGPSを利用した方法もあり、便利な時代になった。

代かきの水深は、日減水深を考慮して決める。水尻を閉じたまま自然に落水させ、田植えができるようにする。その際、代かき後に水尻を開けて強制落水をするのは控えるべきだ。養分が流出して無駄になるほか、水質汚染につながる。

5　田植え時の留意点

(1) 田植えまでの管理

植代かき後は排水せず止水管理とし、自然に減水するようにする。２回代かきで雑草を浮かせた場合は、風下のあぜ際に溜まった雑草をレーキなどですくい出す。

田植え時の田面の硬さも重要だ。田面は硬すぎても軟らかすぎても植え付け姿勢が悪くなり、植え付けの精度が低下する。長期間の湛水や深水代かきにより、田面が軟らかくなり落ち着くまでに時間がかかるため、代かきの強度に合わせて、田植えまでの日数や田植えまでの水深調整などの工夫が必要だ。土質によるが、植代かきから田植えまでの日数は3～5日ぐらいだろう。理想的な硬さは、ゴルフボールを１mの高さから落として、土に完全に埋まるか、２cm以内で頭を出す程度である（図7）。

(2) 田植えは無落水で

一般的には、田植えは、植代かきのあと、落水を待って土を落ち着かせ、田面がある程度露出する頃に行なう。しかし、落水すると雑草の発芽を促す。

そのため、当センターでは、田面を出さずに無落水で田植えを行なう方法を推奨している。無落水にすることで田面の土を軟らかく保ち、植え付け穴をトロ土で早く塞ぐことができる。有機質肥料を田植え後に田面施用する時に、植え穴が開いたままではイネにも悪さをするし、水深が深くなった際には浮き苗の原因になる。

落水せずに田植えをするには、田面が均平であることが必要である。秋から代かきまでに順を追って整備する。

無落水での田植えは、水深が１cmくらいの時がベストだ。風車型の田植えマーカーなら目視確認で植えることができる（写真34）。目視が難しい場合は、赤白棒などで田植え機のセンターに来るようあぜに目印を立てておくのもよい。

田植え機による植え付け深度は２・

写真34　当センターが推奨している無落水田植えの様子

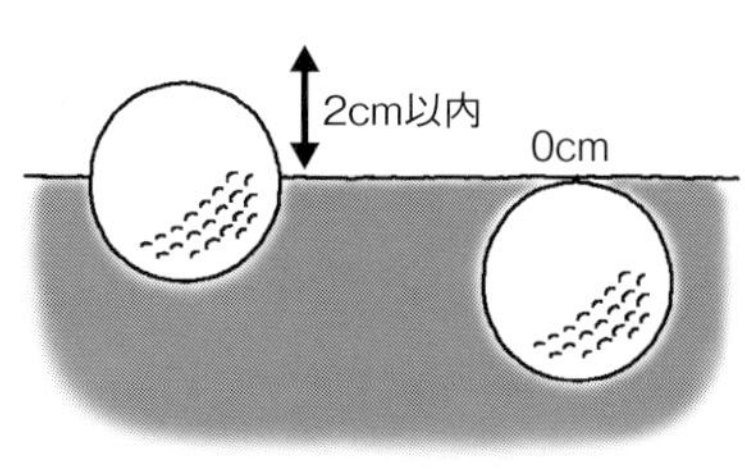

図7　田植えに適した土壌の硬さの確認法（岩手県農林水産部 2022）

5cm程度、植え付け本数は3本程度に調整する。植え付け深度が浅いと浮き苗の原因になる。3cm以上の深植えは分げつを抑制するので注意する。

次に栽植密度について。水稲の分げつ能力は、品種や苗質、気象、土壌条件などによって変動する。穂数は300〜350本／㎡の範囲を目標にして、田植え時期や地力に応じて栽植密度や植え付け本数を調整する。

地力の低い水田や分げつ力の弱い品種ではやや密に、地力の高い水田や倒伏しやすい品種ではやや疎にして植える。また、雑草の発生量が多い水田では密に植えることで、雑草の発生を抑制することができる（⇩49ページ、図17）。

ただし、過度の密植は生育中期以降に過繁茂となり、品質の低下や病害虫発生を助長するのであくまでも目標穂数と圃場の状態に合わせて調整する。

枕地ならし機構つきの田植え機があれば、圃場全面にロータースイッチを入れて田植えを行なう。岩手県の成果では、これにより初期の雑草発生量が減少し、除草効果が安定する（岩手県2012）。

6　田植え後の管理の実際

(1) 水管理

水は田植え以降の保温や肥料の吸収と抑草、分げつなどの生育制御、登熟などと密接に関わっている。秋からの育土が進み、よい苗を暖かい時期に田植えできれば、水稲生育の大まかな方向性は定まる。

しかし、気候や土壌肥沃度、灌漑水温など、場所によって異なるので、イネの生育状態に多少のブレが生じる。

したがって、水管理はイネの生育調整（早期に有効茎を確保、根の活力維持）を主眼とし、イネの生育状態に合わせて行なったほうがよい。水管理とイネや生育環境に与える影響については、第1章の表7（⇩52ページ）を参照してほしい。

また、田植え以降の田んぼでよくある障害と水管理については、表11にまとめた。参照してほしい。

① 活着期

苗は、田植え後水温が高いと良好に活着する（限界温度12〜13℃、最適温度25〜28℃）。田植え後は5cmくらいの深水にして苗の萎ちょうを防ぎ、活着後は浅水で管理する。

水温を日中にできるだけ高くするために、灌漑は朝夕に行なおう。冷水灌漑の場合は、「ぬるめ」「ひよせ」「温水チューブ」などの迂回水路、中山間では田越などで入水温を高める。

② 生育初期

この時期は、必要穂数をできるだけ早く確保するのがポイントになる。分げつを促進するため、できるだけ水温を高く維持する。

次に、早期に有効茎（必要穂数）が確保できる見込みが立つようなら、徐々に水深を深くしていこう。観察のポイントはいくつかある。まずは活着期にはマット苗の場合、葉色が少し落ちてから回復し、草丈が伸長してくる。これが田植え後10日くらいで伸長するなら順調だ。田植え後14日位で新しい分げつが出てくるなら順調だろう。20日くらいまでかかるようなら穂数不足の懸念があるので、浅水管理を継続する。順調なら田植えから30日後くらいには有効茎が確保できているだろう。

この時注意したいのは、1株茎数ではなく、1㎡当たりの茎数である。なぜなら、栽植密度によって1株当たりの分げつ数が変わるからだ。有効茎（300本／㎡くらい）が確保できる見込みが立ったら、徐々に深水にしていく。この時期に深水にすることで、有効茎歩合が高まるとともに穂が大きくなる。温暖地や肥沃な田んぼでは、深水の開始時期は早くなるだろう。

注意したいのは、分げつ開始期や分げつ盛期からの継続的な深水である。もちろん有効茎歩合は高まるが、分げつ発生を抑制したり、茎が弱くなる可能性がある。雑草が抑えられるとしても、イネまで抑えては意味がないだろう。

また、適正な水深を保つためには、水田に水見棒（⇩63ページ）を挿し、日減水深を確認しながら溜水管理とする。通常以上減るようであれば、あぜ

表11　田植え後の田んぼでよくある障害と水管理

おもな障害	対処法
田んぼに「わき」が見られる	高温日が続く、土壌中に未熟な有機物が多い、湛水期間が長い場合などに見られる。1～2日程度の田干しによるガス抜きにより酸素供給を図り、発根を促進させる。
田面に藻類や表層剥離が多発する	表層剥離は、水田の表土が膜状になって日中水面に浮上する現象である。水温や土壌pH、リン酸やチッソなどの条件が整うと増殖しやすい。 水の入れ替えをする。水持ちがよすぎる場合や春先にイナワラや堆肥を多投したなど早期にガスが発生する水田では、夜間落水や間断灌水などでイネの回復を優先する。
幼穂形成期以降に低温（17℃以下）が予想される	低温に弱いイネの生育ステージは次の3期ある。 **1期目**　幼穂形成期（出穂前24日頃）で、最も稔実歩合の低下が顕著になる。 **2期目**　減数分裂期（出穂前14～7日頃）で、正常もみにならない奇形穎花が多発する。 **3期目**　出穂・開花期で、花粉の発芽能力が失われて不稔が発生する。このうち、1期目と2期目は水管理で予防可能だ。1期は必要に応じて予防的に水深を10cmに保つ。出穂前10～11日前を中心とする数日の間に気温が限界以下に下がる時には、水深を17～20cmに保ち、幼穂を水面下に位置させる。いずれの期間も水温は25℃を目標に管理する。

表12　中干しの効果

- 根を下方に伸長させ、落水後も根の活性を維持
- 有機物分解に伴うガス湧き対策と秋落ちおよび温室効果ガスの軽減
- 第4、第5節間の伸長抑制（倒伏軽減）
- 無効分げつを抑制する
- 地耐力の確保（コンバイン作業が順調にできる）
- 秋処理のイナワラすき込みを容易にさせる（湿田）

際や水尻からの漏水がないかを確認する。

③ 生育中期

(a) 中干し

中干しや間断灌漑で生育調整して、登熟を良好にするイネの受光態勢を作ることがポイントになる。中干しの目的は、過剰分げつや無効分げつを抑えること、田んぼを酸化的条件にすることで根腐れを抑制し、株直下方向の根の伸長を促進させることにある。温室効果の高いメタンガスの発生を抑制する。さらに、圃場の土を固めることで登熟後半まで通水しても収穫作業が円滑に行なえるようにする、などである（**表12**）。

中干しの程度は、土壌の種類や水の保持力、降雨の量、水利環境、チッソ施肥量、イネの生育状態、水生生物の活動状況などによって異な

る。暖かい時期の田植えなら、オタマジャクシの変態やヤゴの羽化などが終期になる7月上旬頃に最高分げつ期を迎えて中干しが可能になる。中干しをすると湛水状態から畑水分に近づくため、イネの根に負担がかからないよう、徐々に行なうようにする。また、梅雨時期と重なるので降雨の程度や土壌の状態に合わせた入排水が必要になる。水利環境によっては、時期によって水が来ない地域もある。特に初秋に出水口が止まるところは、中干しをきつくすると水が溜まりにくくなり、水不足に陥ることがあるので注意が必要だ。

(b) 間断灌水

成熟期の葉数は、上位3枚が生き残っていればもみの充実が期待できる。幼穂形成期に入ると、分げつは停止するが、根のほうは最も盛んに伸長し、出穂20日前頃まで増え続ける。これらの葉と直結する根の伸長角度を縦方向へ誘導、土壌チッソの発現を促し、根の活性を高く維持することをイメージし、間断灌水を行なう。

④ 生育後期

この時期は、登熟を良好にするために根を健全に維持することがポイントになる。

(a) 出穂前後10日は水が必要

出穂7～10日前（穂ばらみ期）から出穂14日後（乳熟期）の期間はコメが登熟するために水を最も必要とする。この期間は深水にして水が不足せず、水温が極端に上がらないようにするなど、急激な環境変化を与えないように管理する。

(b) 登熟期の水管理

出穂から10日過ぎ、登熟期に入ったら間断灌漑に戻し、残暑とイネの老化による根腐れを回避し、登熟に必要な水分・養分をできるだけ供給できるようにする。最低でも出穂後25～30日は、土壌に十分な水分があるように注意する。

この時期は、「うわ根」が発生する時期でもある。うわ根とは、黄熟期から成熟期にかけて表層部分（0～5cm）に伸び、マット状の層を形成する根群のことで、登熟に重要な役割を持っているので保護に努める。

また、収穫作業に向けて地耐力を維持する必要があるため、自然落水と間断灌水で少しずつ土を固めておく。田んぼの土質や作業体系を考えて、最適な落水時期を決定する。落水後でも、収穫までに異常に乾燥が進むと過乾燥で胴割れ米などが発生する原因になるので、そのような時は走水を入れるとよい。

出穂期から20日間の平均気温で26℃以上の高温が予想される場合は、極端に土壌水分が不足しないように注意しつつ、水を入れ替えて、地温を調整する。入水が容易な地域は、かけ流しもしくは夕方や晩に入水し、地温を下げる。

また、台風が接近し、フェーン現象に見舞われると白穂になることもあるので、予防策として水を溜める必要がある。

(2) 除草管理

雑草の要防除期間は、田植え後およそ30〜40日くらいだ。発生から2葉までに行なう初期除草が重要である。2葉までなら根が少ないので除去は簡単だが、それ以上では除草が遅れるほど労力を要するようになる。

田んぼの水管理のついでに田面を手ですくったり、田面を手で撹拌するなどして雑草の発生状況を観察する。除草は幼穂形成期前までに終わるようにする。ただし、収量確保よりも雑草種子の落下防止や収穫したもみに雑草種子が混入するのを避けたい場合は中干し後の土が硬い時に拾えばイネの根への悪影響は小さいだろう。

不思議なことに、土づくりがうまくいかずに異常還元が起きるような環境ほど、除草はうまくいかなくなる。活着が遅れるので、初期除草ができないか、無理に実施すれば欠株を増やす。さらに、浮きワラや刈株、藻類発生などが除草機にまとわりついて苗を倒してしまい、よけいに欠株が増える。

これらの問題は、土づくりを適正に行ない、育土が進むと起こらず、気持ちよく除草ができるが、そもそもイネが元気に育つ条件になると除草の必要度が下がる、というアベコベな状態になるのも興味深い。

ここでは除草機の特性に合わせた方法を記述する。

① 除草機のコース取り

(a) 機械除草機（乗用・歩行タイプ）

このタイプの除草機は、旋回時に枕地を荒らす。荒れた状態で枕地を除草すると欠株が増える。そのため、枕地を含めた田んぼの額縁から除草を始め、その後に残りの部分を除草するとよいだろう（図8）。

(b) 人力の除草器

人力で牽引するチェーン除草器、スプリング除草器、竹箒、田打車、八反取りなどは、機械除草機のように枕地を傷めないので、特に手順は問わない。

② 撹拌力と除草間隔

(a) 撹拌力が強いタイプ

発生初期の雑草を水面に浮かせて除草するのに向く。条間用のカゴローターや株間用の振動および回転ピンがついたタイプの動力式のもの、田打車や八反取りなどがこれにあたる。撹拌力

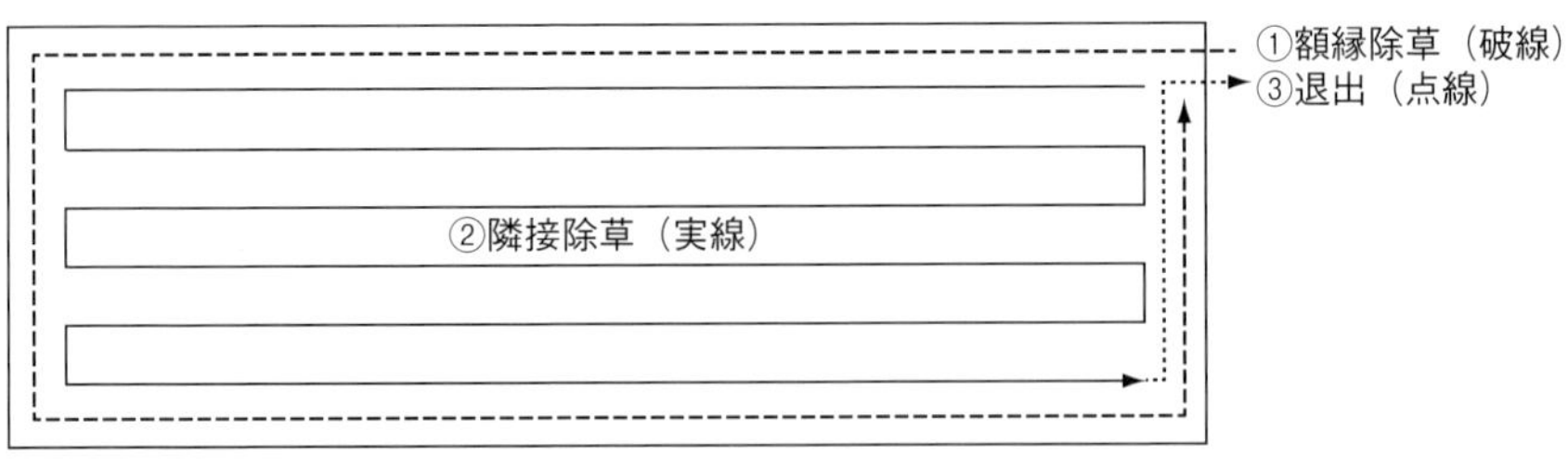

図８　除草機のコース取り

の強い除草機は、田植えから7～10日おきに2～3回の除草を行なう。

(b) **撹拌力が弱いタイプ**

発生初期の雑草を水面に浮かせて除草するのに向く。チェーン、スプリング、竹箒、エアー走行などによる水の濁りを発生させる除草機がこれにあたる。撹拌力の小さい除草機は、雑草が芽生えた時の除草効果が高い。そのため、田植えから5日おきに4～6回の除草を行なう。

(c) **埋め込み能力が高いタイプ**

条間用のカゴローターを搭載する乗用除草機や中耕除草機、田打車がこれにあたる。葉齢が進展して大きく成長してしまった雑草は落水して埋め込むような除草がよいだろう。特に初期除草実施後の残草密度を減らすには、田植え後25～30日に中耕除草を行なうと効果的で、イネの生育に勢いがあれば厄介なクログワイもこれで条間の密度が大きく低減する。

(3) あぜ管理

畦畔は雑草の根系により土壌の流亡や崩壊を防いでいる。しかし、雑草をそのまま放置しておけば作業性が悪くなるうえに、害虫などを誘引したり越冬源になる。

多少手はかかるが、当センターのあぜ草管理を紹介しよう。まずは、3月下旬にあぜ焼きを行なう。

次に田植え前と6月下旬頃に草刈りだ。斑点米に関係するカメムシ類対策には、幼虫が主体となる7月中旬と、イネが出穂する10日前に10㎝程度の高刈りを実施する。

イネ刈りに向けた草刈りは、出穂後25日以降の米粒が硬くなる頃に適宜草刈りを実施する。

(4) 溝切りなどの排水対策

溝切りの目的や効果は、第1章で述べた。ここでは、具体的な方法に触れよう。

中干しだけで地耐力が確保できるとよいが、排水不良の田んぼや地下水位が高い田んぼでは、中干し時に溝切りを行なおう。溝切りを成功させるには、田んぼの土の状態が鍵を握っており、軟らかすぎる土ではすぐに溝が崩れてしまう。適度な土の硬さになってから溝切りをすると溝の形がつきやすく、よいだろう。

溝切りに使う機械は大きく分けて「乗用田植え機のアタッチメント」「手押しの溝切り機」「溝切り機の乗用」と三つのタイプがある。そのほかにはブロックや舟形の角材を人力で引っ張る方法もある。

溝の間隔は2～5mくらいで、田んぼの条件によって決める。溝の深さは10㎝以上とする。溝の交差部分は必ず泥を取り除き、排水口につなぐ。

7 栽培後の検証

(1) イネの収量構成要素

イネの収量構成要素は、単位面積当たりの穂数、1穂当たりもみ数、登熟歩合（全もみ数のうち登熟したもみの割合）、1粒重の四つの要素からなる。この4要素を掛け合わせると収量となる〔玄米収量（g／㎡）＝穂数（本／㎡）×1穂当たりもみ数×登熟歩合×1粒重（g）〕。

これらは、気象や栽培管理が収量におよぼす影響を検討する時や各要素の目標設定の指標となる。これら4要素が目標に対して多いか少ないかを気象や栽培管理（記録）を振り返りながら次年度の改善に活かしたい。

穂数は、栽植密度、最高分げつ数、有効茎歩合により決定され、生育初期の気象や栽培管理、養分供給（特にチッソとリン酸）がおもに影響する。有機イナ作では穂数の確保でつまずく例が圧倒的多数である。

もみ数は、幼穂形成期のチッソ吸収量に影響される。

登熟歩合は、出穂期から登熟初期の気象と栽培管理に影響される。開花期の極度の高・低温や水ストレスをあたえないように気をつける。

1粒重は、出穂開花から収穫期までの間に光合成が順調に行なえたか、その際の根の働きが十分であったかに左右される。

(2) 収量構成要素ごとの原因と対処法

収量構成要素は、品種や地域によって異なる。ここでは、序章の収量構成要素例（⇩27ページ、表6）をもとに記述する。

穂数が280本／㎡未満であったり、総もみ数（穂数×1穂もみ数）が2万5000粒／㎡未満であれば、栽植密度が低い、異常還元や養分不足による初期生育不良と雑草との競合がその原因として考えられる。この場合は、秋から田植えまでの土づくりによる育土を見直す、健苗育成、田植え時期の気温が適正かの見直し、栽植密度の増加、水位調整による温度管理、初期除草の徹底、が対策として考えられる。地力チッソの供給が少ない田んぼでは穂肥の検討も必要だろう。

いっぽう、穂数が400本／㎡以上であったり、総もみ数（穂数×1穂もみ数）が3万2000粒以上であれば、栽植密度が高い、元肥や穂肥が過多、が考えられる。この場合は、栽植密度を低くする、元肥や穂肥の削減、深水管理、深植え、が対策として考えられる。

登熟歩合が70％未満や千粒重が品種特性より小さい場合は、生育過多による過繁茂、総もみ数の過剰、出穂後の栄養と水不足、病虫害の発生、出穂後の高温の影響、根の活力低下、が考えられる。生育過多や総もみ数の過剰では、栽植密度を低くする、減肥するなどで対応する。出穂後の栄養不足であれば穂肥を行ない、出穂後の高温の影響であれば、田植え時期の変更や耐性品種の活用がある。

根の活力低下によって生葉数が少ない場合は、高温期の有機物分解による有害ガスなどの影響による根腐れが考えられるため、秋から田植えまでの育土の見直しや水管理の見直しが対策として考えられる。

(3) 簡易な収量構成要素の調べ方

収量構成要素とその計測法は以下の通りである。

① 栽植密度

連続した20株間の長さ（最初の株から21株目手前まで）を田んぼの2～3カ所で計測し、株間＝計測長÷20、で求める。条間は田植え機の形式に応じて30または33㎝となる。1㎡当たりの栽植密度（株／㎡）＝10000（㎠）÷株間（㎠）×条間（㎠）を算出する。

② 1株穂数

イネ刈りの前までに、田んぼの2～3カ所で生育が中庸な場所から20株の穂数を数えて1株の平均穂数を算出する。1㎡当たり穂数＝1㎡当たりの栽植密度×1株の平均穂数となる。

③ 1穂もみ数

穂数を数えた株のうち、上から2番目に高い穂＋下から3番目に高い穂を10株抜き取って封筒にまとめる。乾燥後、20本の穂の合計もみ数を数える。1穂もみ数＝合計もみ数÷20で算出する。

④ 登熟歩合

生育（平均穂数）が中庸と思われる1株を選び、穂をすべて抜き取って乾燥させ、脱穀する。比重1・08の塩水選（水1ℓに食塩120g）で浮かんだもみの数と沈んだもみの数をすべて数えて、沈んだもみの割合を登熟歩合とする。

⑤ 一粒重

米選後の精玄米を正確に10・0g×2回を量り取り（0・1g単位が正確）粒数を数える。

（例）1g表示のクッキングスケールで10gの玄米が420粒あった時の千粒重は、10÷420×1000＝23・8gとなる。水分を15％に補正し、一粒重に換算する。

(4) その他のチェック項目

① 異常還元を予測する診断キットの利用

当センターでは、技術指導を行なっており、栽培管理の聞き取りや、収量構成要素および雑草の調査を行なう。そして次年度の課題を明確にし、農家とともに改善に取り組む。まずは、異常還元を予防する秋からの土づくりによる育土を進めるが、それがうまくいったかどうか荒代かき後の土壌を採取して診断を行なう。

診断するキットは、当センターと、新潟農業総合研究所、新潟大学、㈱アスザックが共同して開発したものだ（図9）。本診断には、荒代かき後の水田土壌を30℃で1週間培養し、酸化還元電位（Eh）の低下速度や培養上澄み液のチッソ濃度などを測定してイネの初期生育の良否を予測する（岩石　2015）。

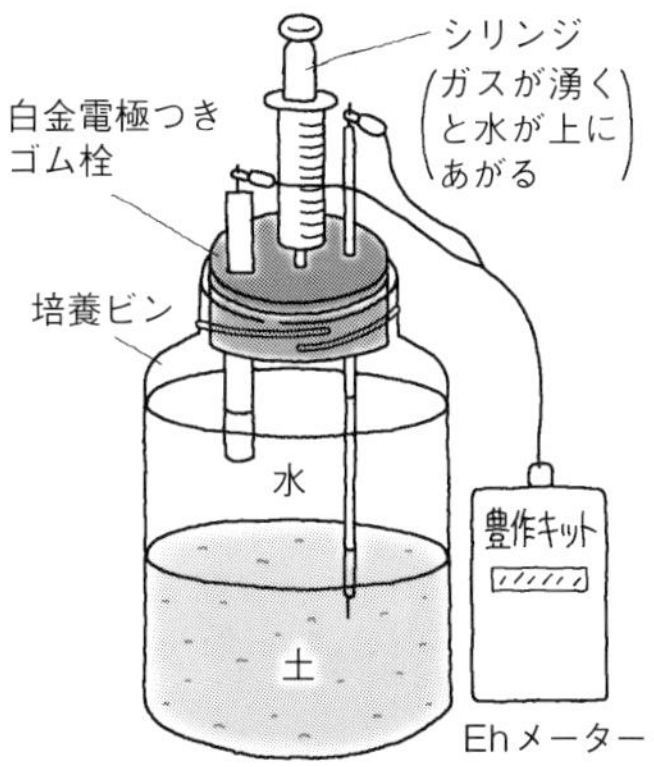

図9　異常還元診断キット

表13　対応技術（栽植密度1.3～1.5倍）の茎数増加効果

総合判定	未対応	対応	茎数増加率（%）
レベル2	424	457	8
レベル3	232	279	20
レベル4	118	228	93

診断の総合判定は、5段階評価になっており、1（安全）～3（注意）～5（危険）になっている。このうち、総合判定が2～4となった田んぼに栽植密度を1・3～1・5倍にする対策を取ったところ、総合判定が悪いほど茎数確保に改善が見られた（表13）。こうした実証に基づき、当センターでは総合判定ごとの対応技術を用意している。

② 硫化水素の発生を見る

新潟県と当センターで共同開発した硫化水素検知装置（特許第6507352号「イオウチェッカー～銀の短冊～」という商品名で販売中）を使う方法がある。

本装置は、荒代かき後、最高分げつ期（中干し前）、穂ぞろい期のいずれかで使用する。荒代かき後の場合は、前記の「異常還元診断キット」（⇩113ページ）を併用する。Ehやガス湧きなどの測定を終えた後に、この装置を培養瓶の土壌に挿入して、続けて30℃24時間培養し、着色程度を観察する。これによって、異常還元のおもな原因が硫化水素の発生によるものか、あるいは別の原因によるものかを推定する。レンゲなどの緑肥すき込みでは多量かつ田植え後早期に発生する場合があるので、植え干しや早期中干しを実施する目安にできる。

最高分げつ期（中干し前）や、イネの穂ぞろい期に行なう場合は、水田土壌に挿した本装置を1週間後に抜き取り、硫化水素の発生程度や、発生部位（深さや濃淡の偏り）を観察する。

最高分げつ期で硫化水素の発生が確認されれば直ちに落水するなど、対応に役立つ。登熟期の硫化水素発生によるガス湧きは秋落ちを助長し、それにともないイネごま葉枯れ病が見られる場合がある。硫化水素の発生が多かった田んぼでは土壌診断を行ない、土壌の遊離酸化鉄含量が基準値（1・5%）より低ければ含鉄資材を施用する（新潟県 2021）。

コラム

有機質肥料の作り方とその例

有機質肥料は、米ぬか、かす類など手に入りやすいもの、地域資源の循環ができるものを土壌環境に応じて使用するよう心がけたい。自分で作成すれば、材料選び、配合比率を決められる。

当センターでは、米ぬかや油かすなどの有機物をEMで発酵させた資材を「ボカシ」と呼んでいる。発酵の過程で乳酸菌を優占させることで可溶化が進み、腐敗しにくい良質な土壌改良資材・有機質肥料になる。乳酸菌が優占する微生物資材であれば代替できる。

(1) ボカシの材料

ボカシの材料は、米ぬかや油かす、魚かすなど、比較的入手しやすい材料を使う（表14）。使用用

表14　ボカシの材料

ボカシの材料に適するもの	材料にしないほうがよいもの
・米ぬか、もみがら、魚かす、油かすなど比較的入手しやすいもの ・乾燥おから、ふすま、ビールかすなど	・バーク、おがくずなど木質が強いもの

注）貝化石、カキ殻、炭、ゼオライトなどアルカリ度の比較的高いものは多量に入れない

表15　【ボカシⅠ型の作り方】（低栄養土壌改良型）

おもな材料	米ぬか もみがら ＥＭ1 糖蜜 湯	40kg 15kg 0.2ℓ 0.2ℓ 15～20ℓ（50℃前後）
適温	25～35℃	温度が確保できない時は加温・保温する
水分	約30～40％	握って団子状になり、指でつつくと壊れるぐらいが目安。まずもみがらにEM希釈液を混ぜ合わせると、あとの水分調整がしやすくなる
期間	3～4週間	できるだけ嫌気状態の保てる密閉容器で仕込む
チッソ	2.5％前後	材料によって多少異なる

注）材料は新鮮な物を使用する。水分量は材料によって適宜変える

途に応じて材料の配合割合を変えてみるのもよい。ここでは、低栄養土壌改良型の「ボカシⅠ型」と、高栄養養分供給型の「ボカシⅡ型」、水稲初期生育促進用の「田面施用ボカシ」の作り方を紹介する。

(2) ボカシの使い方と注意点

ボカシ（特にⅡ型）は肥料効果が高い。土壌肥沃度や栽培条件などに応じて使用する。肥料効果を得ようと過度に頼らず、地力を補う資材として活用したい。

(3) ボカシの作り方

ボカシⅠ型、ボカシⅡ型、田面施用ボカシの材料比を表15～17に示す。

作成手順は、①米ぬかや油かすなどの材料をよく混

表16 【ボカシⅡ型の作り方】（高栄養養分供給型）

おもな材料	米ぬか 油かす 魚かす ＥＭ１ 糖蜜 湯	60kg 20kg 20kg 0.2ℓ 0.2ℓ 15～20ℓ（50℃前後）
適温	25～35℃	温度が確保できない時は加温・保温する
水分	約30～40%	握って団子状になり、指でつつくと壊れるぐらいが目安
期間	3～4週間	できるだけ嫌気状態の保てる密閉容器で仕込む
チッソ	4～5%	材料によって多少異なる

注）材料は新鮮なものを使用する。水分量は材料によって適宜変える

表17 【田面施用ボカシの作り方】（水稲初期生育促進用（雑草抑制用）・田植え後散布）

おもな材料	米ぬか 油かす 魚かす ＥＭ１ 糖蜜 湯	15kg 20kg 20kg 120mℓ 120mℓ 10～12ℓ
適温	25～35℃	温度が確保できない時は加温・保温する
水分	約30～40%	握って団子状になり、指でつつくと壊れるぐらいが目安
期間	3～4日	できるだけ嫌気状態の保てる密閉容器で仕込む
チッソ	6%前後	材料によって多少異なる

注）材料は新鮮なものを使用する。水分量は材料によって適宜変える

合する。②糖蜜を少量のお湯で溶かしたあと、水を加えて１００倍の希釈液を作成する。③糖蜜希釈液にＥＭを入れて混合液を作成する。④混合液を①のよく混合した材料にジョウロなどでかけながら再混合する。材料全体の水分が30～40％（材料を手で握り、触れると壊れるくらい）になるように混合液を加え加減をする。

嫌気発酵させるため、大きなプラスチック容器や木枠などを利用して材料を詰め、蓋をする。発酵適温は25～35℃で、温度変化の少ない環境下で発酵させる。発酵期間は長いほどよいが、30℃であれば20日、25℃であれば24日、20℃であれば30日を目安に使用できる。

第4章

慣行栽培からの切り替えと新規に始めるポイント

前章までに、1年単位の栽培技術を中心に述べてきた。本章では、慣行栽培のイナ作から有機栽培に切り替える場合のほか、新規就農など新たに田んぼを借りる場合、そして畑や耕作放棄地など条件の悪い田んぼでスタートする場合の注意点について紹介する。あわせて、上記条件からスタートする新規就農者や経験豊富な大規模農家の事例を紹介したい。

1 慣行栽培から切り替える場合

(1) 最初は小面積から

慣行栽培でやってきた田んぼを、いきなりすべての面積で有機に切り替えるのはだれでも心配だろう。何事も小さい面積から自信をつけて広げたほうが確実である。

切り替えにあたっては、条件のよい田んぼから切り替えることを基本とする。条件のよい田んぼとは、例えば、田んぼを観察したり、地主さんから聞き取るなどして、収量がよい、水持ちがよい、均平が取れている、あぜが強固である、水利がよい、雑草がしっかりと防除されている、などの条件が整ったところである。

(2) 秋処理からのスタートが理想

慣行からの切り替えの場合にせよ、新規に田んぼを借りて有機栽培を始めるにせよ、秋処理からスタートできるのが理想である。春から田んぼを借りた場合は、もしもイナワラがすき込まれていなかったら、持ち出すか焼却(地域や消防に要相談)するか緑肥で1年休ませるなどして異常還元を回避する。

有機イナ作での育苗は、慣行苗と比べると箱当たりの播種量が少なくなるが、箱数が多くなるため、育苗スペースと苗箱の準備は計画的に行なう。また、除草機器の準備も整えておこう。

前作もイナ作であればチッソ施肥量は、まずは慣行栽培の施肥量の半量を元肥とし、残り半量を田植え後の田面施用にしてみる。

田植えは慣行栽培並みの栽植密度を基本とし、田植機利用であればギアを変更して1往復程度の面積を基本よりも株間を広げて比較すれば最適な栽植密度を見い出せるかもしれない。

また、慣行栽培や休耕田からの切り替えは、ノビエが多発する場合がある。その場合は、イネの活着やその後の成長を見ながら深水管理に移行できるよう事前にあぜを高くしておき、どんな雑草が発生するのかをよく観察して対応する。

(3)「3年目の壁」をどう乗り越えるか

実施者への見聞や自身の体験から、有機農家によくあることとして、転換1年目はそれなりにできるが、3年目くらいに雑草が多発して減収する、いわゆる「3年の壁」なるものがある。

ここで、当センターで慣行栽培から有機へ切り替えた田んぼの経過を紹介したい。この田んぼでは、2005～2007年は徐々に化学肥料を減らして有機質肥料に切り替えた栽培とし、2008年から有機的管理に転換した。

その間の経過を示したのが、図1と

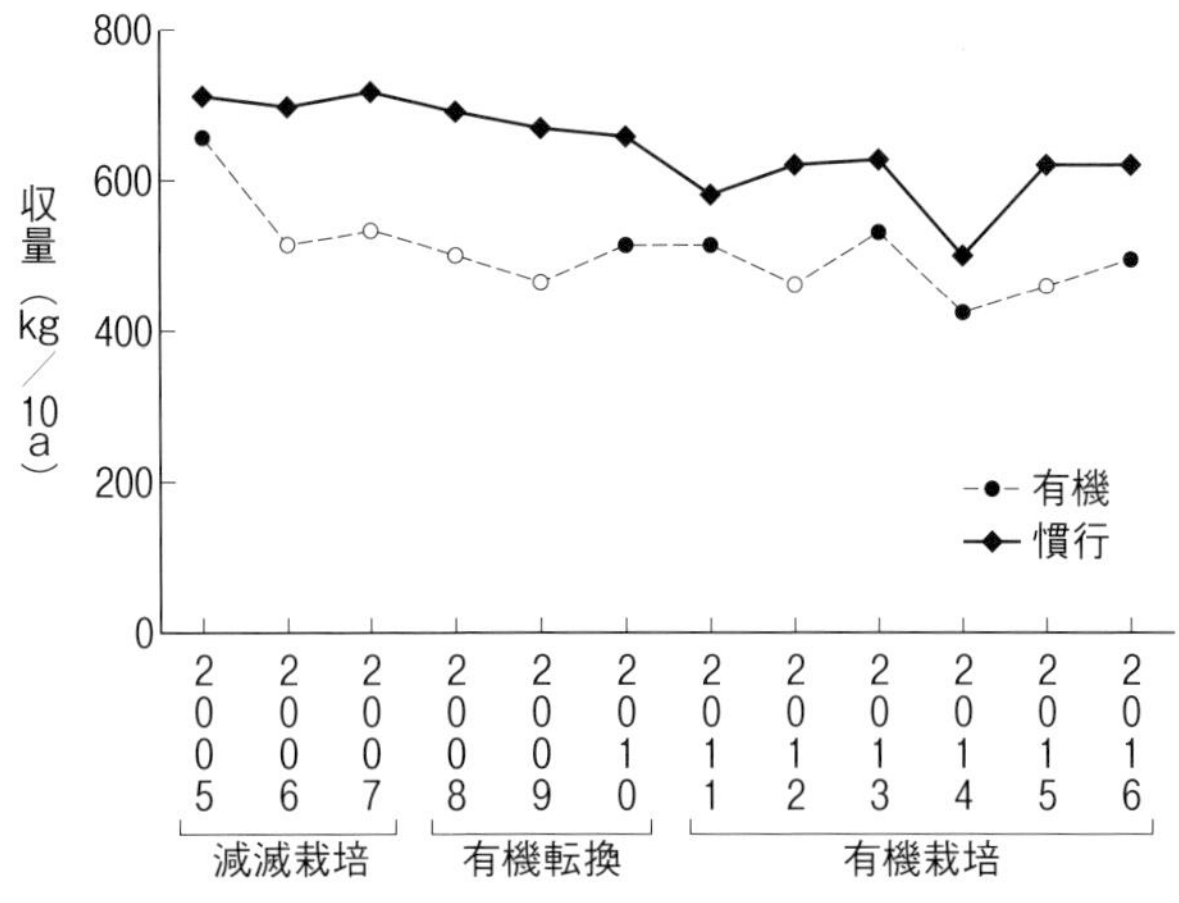

図1　隣接慣行田と有機田の収量経過

注）有機収量の●は慣行収量比80％以上を、○は慣行収量比80％未満を意味する

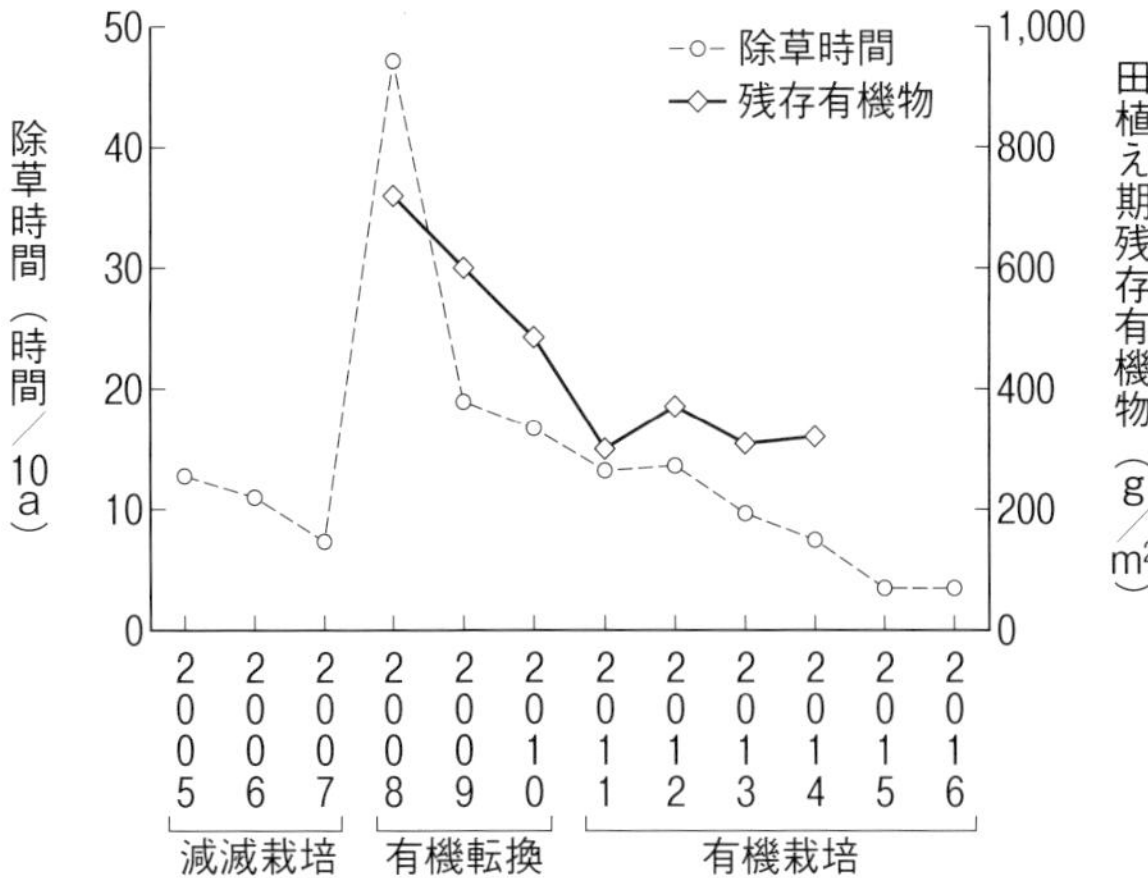

図2　有機田の除草時間と残存有機物の変化

注1）残存有機物は田植え時期に採土し4mm篩で回収したもの（おもにイナワラ）

注2）減減栽培：2005年、2006年の施肥はチッソ成分で化学肥料と有機肥料を半量ずつ施用、農薬は箱施用のみで雑草防除は機械除草と手取りで対応。2007年は有機肥料全量施用、箱剤施用せず。雑草は機械除草としたが、ノビエ多発により後期剤で対応

図2である。2005年は収量こそ慣行栽培並みであったが、除草剤を使わなかったためノビエが多発し除草に労力が取られた。2006年は除草に労力が取られたうえに収量も落ちた。2007年はノビエが激発したため後期除草剤で対応した。この間に雑草を抑草できなかったことが有機転換1年目を難しくした。

有機転換1年目の2008年は、収量が慣行の80%を下回ったことに加えて、やはりノビエが激発し、除草時間は50時間／10aを要して、調査期間で最高の除草時間に達した。

2009年（有機転換2年目）は、収量が慣行の80%を下回ったが、除草時間は前年よりも改善して20時間／10aとなった。

そして2010年（有機転換3年目）以降は、収量が慣行の80%以上に回復し、雑草の草種もノビエからコナギやクログワイに変わって、除草時間も漸減していった。

興味深いのは、田植え期の残存有機物である（図2）。有機残存物とはほとんどがイナワラで、この量はおおむね前年にすき込まれたイナワラ生産量に相当する。有機転換1年目はかなりの量の有機物が残っていたが、2年目以降からこれが漸減した。

この経過からは、有機転換1年目は田植え時期にイナワラなどの有機物が土壌中に多く残存したため、異常還元と雑草害によって除草時間が増えて収量が減っていたこと、もう一つは、有機転換1年目には弱かったこの田んぼの有機物分解力が、時間が経過して田んぼの生物性が改善するにつれて向上して栽培が安定してきたことが考えられる。

こうした例から、より慎重に有機イナ作に取り組む場合は、土づくりをしながら育土を進める2～3年のあいだは除草剤を利用し、土がある程度育った段階で有機イナ作に完全に切り替えると安全だと言える。

もちろん、可能なら最初から有機で取り組むのがベストではあるが、筆者としては、最初からベストをめざして途中で挫折するよりも、長く続けてもらうことのほうが大事だと考えている。

2 新規で田んぼを借りる場合

新規に就農する場合、あまり条件のよくない圃場を紹介されることがある。借りる前には地権者に頼んで作土の深さや水利条件などをよく確認しておこう。土壌を採取させてもらい、土壌分析をしたほうがよいだろう。春に

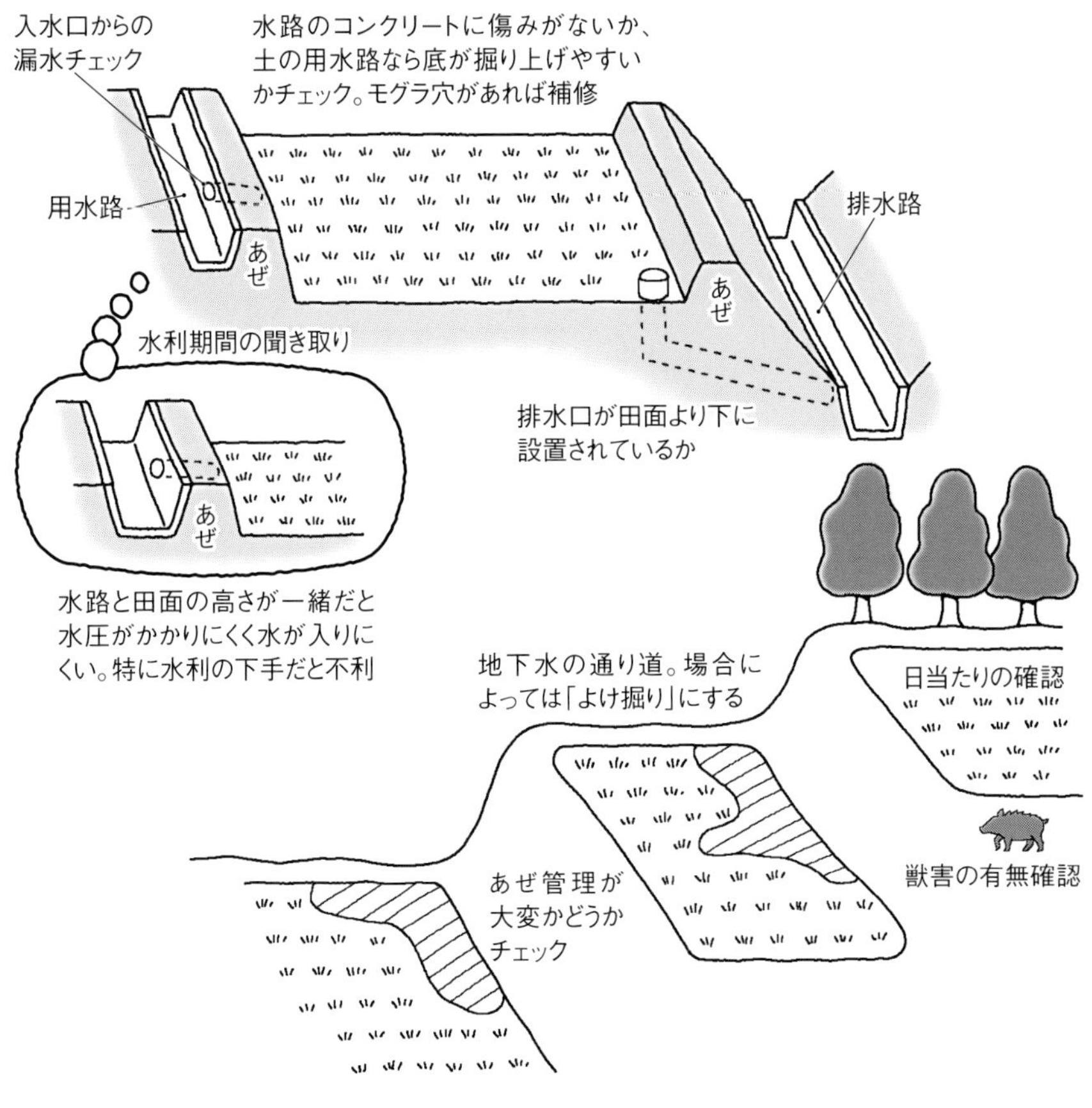

図3　田んぼのチェックポイント

採取した土壌を複数の容器に1㎝くらいの厚さに敷き、水を入れて、手で代かきをし、水を張った状態で暖かいところに置いておけばどんな雑草が出てくるのかも確認できる。このように田んぼを借りる前にできるだけ得られる情報を集めておいたほうがよい。

水利条件は、借りる前にチェックしておくべき大事な項目だ。水利については、慣行と有機イナ作の田植え時期が違うことが多いため、栽培期間中にしか水が入らないところでは抑草や湛水管理に支障をきたすことがある。また、水路の末端（下流）であれば水の利用の自由度が下がる。井戸からのくみ上げポンプなどがあれば対応できるが、そうでない場合は耕作自体のハードルが上がってくる。

このほか、中山間地にある田ん

ぼでは、日当たりも確認しておこう。
田んぼのチェックポイントは図3を参考にしてほしい。

3 畑や休耕地から復田する場合

田んぼができるように整備された圃場であっても、畑として使われていたり耕作放棄地となっていたりして田んぼとしての機能が低下している圃場を借りた場合について、その特徴や対応を記述したい。ポイントは減肥と水持ちのよい田んぼに戻すことだ。

畑や耕作放棄地となった田んぼは、イナ作を続けている田んぼ（連作田）と比べて地下水位が低く、作土などの乾燥が進んで土壌は好気的になり、物理性や化学性が異なるのが特徴である。このような田んぼでは、復田すると一般的に土壌チッソ発現量の増加に伴ってチッソの吸収量が初期から多くなり、連作田と比べて収量が多くなるが、穂数と1穂もみ数が増加して倒伏しやすい傾向が見られる。そして3～4年かけて連作田の状態になっていく。

そのため、復田1年目と2年目は減肥を前提とし、特に1年目は過剰生育にならないよう、状況を見ながら深水管理にするなど、生育を抑え気味にする。

復田の時に重要なのは、水が溜まるかどうかだ。普通に耕耘して水を入れるだけだと、入水してから1週間経過しても田んぼ全体に水が溜ま

写真1　野菜畑からの復田（左）と連作田（右）

入水３日後の様子だが、復田はなかなか水が溜まらない。この後、水量があるところのみトラクターのタイヤで踏圧をかけたら翌日には全面に水が溜まり、残り部分に踏圧をかけて代かきをすることができた

らないことがある（写真1）。そうなると代かきを無理やり行なうことになってしまい、田んぼを均一に管理することが難しくなる。しかもこうした田んぼはドライブハローなどで代かきをしてもなかなか水が溜まらない。

水が溜まるようにするためには、例えば春の耕耘後にトラクターで圃場全面を走行しタイヤで圧をかけ、入水前にもう一度、浅耕するなどしてから入水する。

それでも水が圃場一面にまわり切らない場合は、水が溜まっていて十分に吸水している部分に対してのみ、タイヤが鋤床まで難なく沈む状態で踏圧をかける。そうすれば、その周囲から水の溜まる部分が拡大していく。これを繰り返せば全面に水が溜まるようになり、代かきもできるようになる。

水が溜まるようになれば、初期生育のコントロールにさえ気をつければ、ホタルイ、コナギ、オモダカ、クログワイなどの水生雑草はほとんど出てこない。湿生雑草に分類されるノビエには警戒をしておくとよいだろう。ノビエであれば、2回代かきや米ぬか除草（有機物の田面施用）、深水管理が有効であるが、田んぼの条件などで総合的にプラスに働く管理かを検討したほうがよい。

逆に水はけが悪い場合は、第3章で述べた要領で排水対策を実施する（⇩74〜77ページ）。また、土壌分析によって、pHや塩基バランスなどに問題が見られるようなら土壌改良をしたほうがよい。

いずれにしても、条件が整っていないほどイナ作が難しくなり、除草などで多くの労力やコストがかかってくる。できることなら苦労する前に条件を整えたほうがよいだろう。

事例1　宅配向けの有機米と野菜などの複合経営

山梨県北杜市・村瀬麻里子さん、高井文子さん（オーガニックファームチュトワ）

■経営の概要と有機農業との出会い

山梨県北杜市の村瀬麻里子さんと高井文子さんは、水稲・野菜・ブルーベ

2人で得意分野を活かして。右が村瀬さん、左が高井さん

リーを栽培し、お米と野菜セットの宅配のほか、家庭菜園向けの菜園講座の開催や貸し農園の運営をしている。2015年自然農法センターの本科研修生として8カ月間学び、翌年、現在地で就農した。

村瀬さんの前職は、タイ古式マッサージ師。仕事を通して毎日の食事の質がいかに健康に大事かを実感するなかで、主食であるコメをちゃんと作れるようになって多くの人に食べてもらいたいと思い立ち、自然農法センターの研修に参加した。村瀬さんは「水稲コース」で研修を積んだが、その後、「野菜コース」に入った同期の高井さんと意気投合し、翌年、共同経営の形で「オーガニックファームチュトワ」を立ち上げた。2023年の経営面積は、約2ha（水田60a、畑108a、果樹園25a、貸菜園5a）となっている。

育成中のポット苗

■有機農業のスタート

就農時に借りた水田は、標高およそ900mのところにある60aほどの農地で、休耕田や慣行田だったところである。休耕田だった圃場は石だらけで凸凹がひどく、水路や水の取り入れ口が壊れていたり、イノシシやシカがやってきたりと、水田に戻す復旧作業は苦労が多かった。ただ繰り返し雑草が刈り倒し続けられた田んぼの土は有機物が還元されていて肥えていた。また休耕によって水田雑草が減っていたこともあって、栽培がとてもやりやすかったという。

いっぽう、慣行田を借りた水田は、初年度は残った肥料分が効いたのか収量も上々だったものの、そのまま少肥栽培を続けているとイネの生育は思わしくなくなった。初年度はヒエ、以降はコナギやクログワイ、イヌホタルイなど、出会いたくない雑草のオンパレードとなって、除草の苦労を嫌という

分げつ中のイネ。茎が開き気持ちよさそうに育っている

秋の稔りを迎える田んぼと八ヶ岳。南アルプスも望める最高のロケーション

ほど味わうことになった。

そのため現在では、イナワラ分解を早めるために耕耘時期や水分に注意するほか、２回代かき、ボカシの田面施用、水管理などによって、草におとなしくなってもらう下ごしらえとイネを元気に育てるポイントを逃さないよう意識して栽培している。

村瀬さんたちが作付けする水稲の品種は、「ひとめぼれ」、「ゆめしなの」、「フクシマモチ」の３品種である。収量は、３年前にポット苗を始めるまでは玄米で７～７・５俵／10ａだったが、ポット苗導入後は、植え後の活着がよく初期生育が良好になった影響か８～８・５俵／10ａになり、現在では10俵ほどになった。

収穫はバインダーを使い、乾燥は天日干ししている。まだまだ改善点はあるというが、現在のところ草も抑えられ、食味も良好で米は完売できており、就農３年目からは安定した稲作経営ができている。

■栽培の流れ

秋耕耘は、寒冷地のため、イナワラは半量持ち出し、残りはすき込む。地温が高いうちに秋耕耘を行なってイナワラの分解をスムーズにすることを心がけている。持ち出した半分のイナワラは野菜栽培に利用している。

育苗はポット苗で、ハウス内でプール育苗しており、全体に砂利を敷いて整地して育苗する。２０２３年の播種日は４月23日であった。培土は無肥料培土くん炭床土に、追肥のフィッシュソリブルを希釈して散布する。

元肥は、例年４月下旬に施用し、米ぬか・もみ殻・油かす・魚かすを混ぜて作った自家製嫌気ボカシと、購入の発酵肥料「こつぶっこ」を使っている。

田植えは、４・５葉になった苗を、株間24㎝×条間33㎝で植える。２０２３年は５月23日に、田植え直後に米ぬか・発酵肥料を表面施用する。

田植え後は、チェーン除草と、中耕除草を行なう。

■農を通じてめざすもの

村瀬さんたちがめざすのは、最高の農作物を作って環境に与える不必要な悪影響を最小限に抑えること。そして、農業によって環境危機に警鐘を鳴らし、解決に向けて実行すること。これはアウトドアメーカーのパタゴニアの理念を参考にしたものだ。そのために、ビニールマルチやボードン袋など使い捨てになるプラスチック製品は使わない、太陽光パネルで電気の自給をして電動で動く農機具に切り替えをするなど、村瀬さんたちは小さなところから実践に移している。

農業は人間が生きるうえで欠かせない食料を作る過程で、地球環境や食べる人の身体に与える影響が非常に大きな仕事。「地球を救うために農業を営む」と思いながら日々働く農家が増えれば増えるほど、地球は壊れずに人間も動植物も皆元気に生き続けられる時代がくると前向きに話す。

事例2 野菜栽培や他業種と組み合わせた有機イナ作

長野市・竹内孝功さん

■自然菜園の魅力発信を生業に

長野市の竹内孝功さんは、田畑（田んぼ19a、畑33a、果樹園6a）で自給をしながら、自然菜園スクールやオンラインセミナーを主宰するほか、書籍や雑誌での執筆を通じて、無農薬の家庭菜園・自給菜園の取り組みを広げるべく活動している。

竹内さんが自然農と出会ったのは大学在学中のこと。福岡正信著『わら一本の革命』に感銘を受け、市民農園などで循環農法や自然農に取り組んだ。卒業後は自然食品店勤務や農業関係の団体での経験で農法や地域性について学んだが、「自分も楽しく、人にも喜ばれる仕事とは何か」を自問するなかで、2005年に自然農法センターの本科研修（自家採種コース）を受け、

イネ刈り前の田んぼと竹内さん

そこで菜園スクールの運営を着想するに至った。松本市での借家を拠点に自給菜園に取り組んだのちに安曇野市へ移住し、自然菜園スクールを開校して、現在は長野市を拠点として活動している。

なお、個人的な話ではあるが、筆者とはコメの品質分析や栽培相談、圃場見学会や共同開催の自給イナ作講座などで、長くお付き合いをいただいている。センターとの付き合いを通して多くの情報を整理でき、コメを自給できる自然稲作をより深く探求できているという。

■栽培の概要

竹内さんは2008年に安曇野市に移住し、借家込みで1haの土地を活用し、田畑での自給と自然菜園スクールを開校した。その地域は黒ボク土で排水性がよく畑はやりやすい環境だった。いっぽうで田んぼは水が溜まりにくく、用水の雪解け水は冷たく、いかに水を温めるかが課題だったという。

借りた慣行水田は、1年目は雑草が生えにくく、大きな問題は起こらなかった。むしろ、減農薬や農薬不使用だった水田が、1年目から雑草発生が多く大変だったという。休耕地の場合は、最初にダイズを栽培し、翌年から田んぼにする。

しかし、2年目からは、雑草対策や水持ちをよくするための対処が必要だと感じ、特に圃場基盤を整えるよう、あぜのかさ増し、水温上昇も兼ねた「よけ堀り」（刈ったあぜ草も発酵させる）、均平などを整え、管理しやすい田づくりを心がけたとのことである。

2013年、竹内さんは長野市信更町に移住した。この地域は、種もみを生産する地域であり、病気への罹病対策や異株の混入を防ぐための管理が厳密になされる地域である。田んぼの土壌は細粒質普通疑似グライ土に分類され、粘土質が強い土質。野菜畑は排水対策が必須のため、安曇野時代と真逆の環境であった。

移住1年目はダイズを植え、2年目に水稲栽培をスタートした。2年目は無肥料でイネの倒伏を避け、抑草を徹底。3年目から前年に草やイナワラを十分発酵熟成させた完熟堆肥投入で地力増進しながら生き物を育みつつ、計画的に多収穫で草が生えない田んぼをめざしたという。

そのおかげか、10a当たり9・5〜11俵を継続して収穫できているという。また、偶然のきっかけで不耕起と代かきを比較するなど経験と知識を深め、自給稲作を体系化している。近年は質と食味を考慮して、前述の段階的な土づくり（倒伏やガス湧きを防ぎ、草を育てる無駄な未熟有機物投与を極力避ける）をしながら9・5～10俵／10ａの慣行程度の収量を目標としている。

田んぼ内に設置のハウスで健苗育成

■栽培の実際

竹内さんのイナ作では、秋から春までの期間に、イナワラの分解促進を意識した耕耘を行なう。竹内さんの水田は、例年9月20日前後にイネ刈りを迎える。イネ刈り後はハザ干しをしており、その周囲を早めに耕耘して刈株をすき込む（ぬかっているところは耕耘しない）。さらに10月上旬にイネを脱穀したあとは、イナワラを裁断・散布し、さらに米ぬかを散布して耕耘する。

その後、春を待って田んぼが乾く4月以降に、5～8㎝ほど耕耘する。

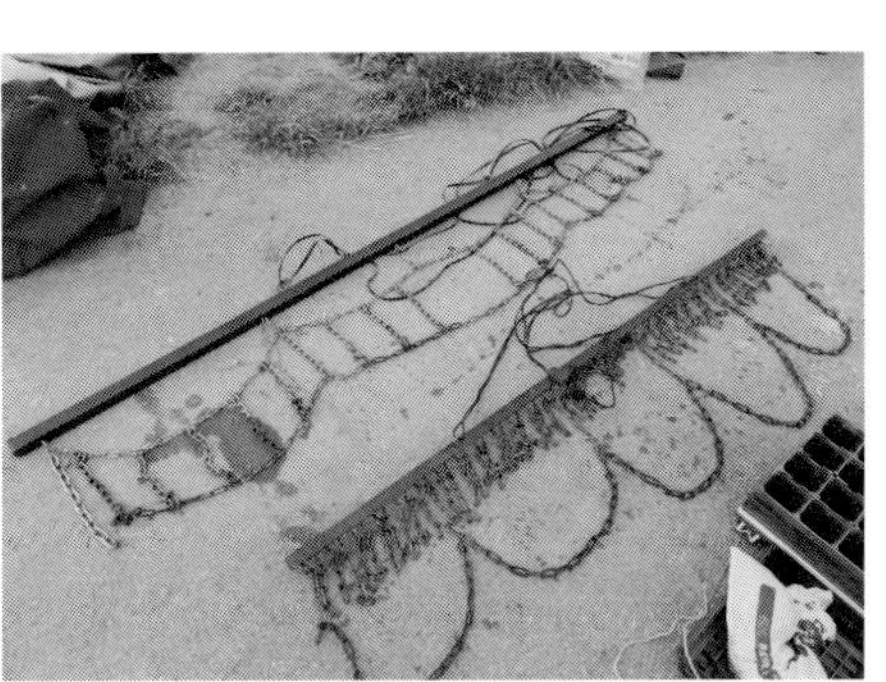

自作のチェーン除草器

代かきは春の耕耘から2週後には入水して荒代かきを行ない、荒代かきから7～14日後に植代かきを行なう。

田植えは、植代かきの5日後に行なう。以前は6月に植えていたが、地域の水利の関係や夏野菜の作業の観点から、現在は5月15日頃に行なっているとのこと。苗は健苗育成に注意を払った4～4・5葉のポット苗を2条田植機で移植し、田植え後3日以内には補植を済ませるようにしている。

田植え後の施肥は、寒冷地の地力チッソの不足分の供給と微生物のエサ、

立派に育ったイネ

抑草をねらって、5日目、12日目、20日目頃に、自家製の嫌気ボカシと米ぬかを1：1で混合したものを散布する。散布量は収穫物で得た米ぬか分を還元するイメージで10a当たり合計60〜80kgほどである。

田植え後の水管理は水深5cm、その後は生育に合わせて徐々に深水（8〜12cm）にし、田植え後25日の最終除草後に、溝切りと軽い中干し（軽くヒビが入る程度）を行なってイネの根の活力維持を図り、秋処理がしやすい環境になるよう意識している。

除草は、田植え後の追肥散布後ごとに、チェーン除草を実施する。チェーン除草終了後に水位を自然に下げて田車で仕上げている（田植え後25日頃）。

出穂期は8月5〜8日で、暑さ対策や根の活力維持を意識して入水時間を決めている。地域の灌漑利用期間は9月5日頃までのため、それ以降に埋まった溝を補修し、排水対策を万全にしている。

■農を通じてめざすもの

竹内さんは、塩見直紀著『半農半Xという生き方』をヒントに、自分なりの生き方を模索してきた。竹内さんは、いま取り組んでいる自然菜園スクールは天職だと思っているという。

自然菜園の魅力を伝える時には、「地域風土の自然、作物特性の自然、その人の生活と自然観」の三つが重なるようにすることを理想形と考え、自身が持つ地域性への洞察や栽培の流れ、栽培技術、自家採種などのノウハウを皆が楽しく取り組めるようにその人のその地域に合ったサポートをすることを心がけているという。多くの人が、仲間とともにそれぞれの持つ強みを活かしながら、農を楽しむ社会に貢献したいと話す。

事例3　加工も取り入れた大規模有機水稲経営

宮城県美里町・安部陽一さん

■経営の概要

宮城県美里町の安部陽一さんは、一家で水稲を主体に約76haあまりを耕作している。このうち、有機JAS認証の水稲栽培実施面積が約66ha（うち所

安部陽一さんと妻の光枝さん

有は43ha）、同ダイズ栽培実施面積8ha（地域のブロックローテーションにより7～10haで変動あり）、野菜が0・2haなどである。

保有装備は、トラクター113ps2台を含む計4台、8条田植え機、6条刈りコンバイン2台、キュウホー8条乗用除草機4台、オーレック8条乗用除草機2台、和同除草機2台、60石乾燥機6台を含む計11台など、機械化・大型化での有機栽培が特色である。

出荷先は、JAや自然食品を扱う業者、パルシステムなど。2014年3月には味噌の加工施設を設け（同年12月に有機JAS認定を取得）、自家製の有機ダイズを加工した味噌を中心に、麹や甘酒なども製造・販売している。これら商品は、自社運営のオンラインストア「カネサオーガニック味噌工房」で販売するほか、関東・関西エリアで自然食品や発酵食品を取り扱う小売店、食材にこだわった地元の飲食店などへ卸している。

自然農法センターとは、ボカシづくりの勉強会などに参加して技術情報を収集し、2002年からは自然農法センターで有機JASを取得している。また、センター主催の「技術交流会」の開催地になるなど継続して情報交流を行なっている。

安部さんの圃場。見渡す範囲すべてが自作地

■圃場を整える留意点

安部さんは、深水管理ができるように、畦畔・用水路・排水路・圃場均平など、田んぼの基盤をしっかり整えることに留意している。そこがきちんとできれば、長く栽培している田んぼとそんなに変わることなく管理できる。有機を続けているとトロトロ層は発達

イナワラは秋に畜産業者に引き取ってもらい、堆肥と交換する

しやすいように感じるという。

作付け計画ギリギリ（3月）で田んぼを借りる場合があり、その際は、変則的にダイズ栽培をして対応することがある。その場合は排水対策として明渠掘りなどが重要になる。ダイズ栽培後にはイナ作に向けて田んぼの基盤を整えてからイネを作付けている。

堆肥施用後の二山耕起。浅く耕耘している。乾燥させて雑草を抑え、イナワラの分解も促す

■栽培におけるポイントや留意点

安部さんが心がけているのは、イネが育ちやすいように田んぼの状態を整えること。例えば、表面1〜2cmに未熟な有機物が集積したトロトロ層があり、5cm位下の均平な耕盤までは未熟な有機物がないボソボソ層があり、耕盤の下は冬の間に酸化した下層土があるような土壌の状態を理想としている。それをイメージした一連の耕種管理が、イネの健全生育と抑草につながってくると考えている。

安部さんの地域は、心土に竹が5mくらい入る表層無機質低位泥炭土であり、圃場整備時の客土や弾丸暗渠で排水対策をしながら5cm程度の浅い耕耘で耕盤ができるようにし、シーズン中も耕盤を保つよう気を使っている。乾かない田んぼはコナギが多く発生し、機械作業が困難になるため、排水対策と耕盤維持が重要なポイントである。あぜ塗りも全圃場で実施し、田植え後の深水ができるようにしている。

この地域では冬期のイナワラ分解が進みにくい。そこで、イナワラは畜産業者に全量引き取ってもらい、敷料にもみがらを使った牛糞堆肥20tに米ぬか500〜600kg混ぜたものを、12月中旬に1t／10a施用する。施用後は二山耕起（75cm幅の四つ山）を行ない、冬期に山を切り返して、稲株や堆肥の分解を進める。レベラーをかけるところはイナワラ持ち出し後に刈株をチョッパーかけしてから行なう。

施肥は、3月上旬にペレット化したボカシを製造して、荒起こし前の4月中旬に30kg／10a施用する。あわせて有機アグレット（666）も50kg／10a施用して、入水1週間前を目安に天気予報の動向を確認しながら5cm深で

育苗中の水稲の苗。見事に生育がそろっている

アップカットロータリーをかける（入水前に降雨が多いと土が締まってかえって手間がかかる）。

育苗は4月2、3日頃に、播種で乾籾70g／箱で30～40日の中苗をプール育苗で育成している。プールは高低差5㎜以下になるよう心がけ、播種後は太陽シートをべたがけし、夜間は霜対策として暖房機（15℃）で保温して出芽を安定させている。

品種は、「ササニシキ」、「ひとめぼれ」、「つや姫」、「みやこがね」を水田に合わせて選択し、イネ刈り時期を分散している。

メインは乗用除草機。部分的に草が目立つところは歩行型の除草機を使うなど、状況により使い分ける

田植えは、一度落水して5月2～12日の間で行ない、田植え後は深水管理を維持している。年次による変動はあるが、冬に乾いた圃場は入水後にカブトエビが大発生し、ある程度抑草してくれているという。雑草の埋土種子を減らす管理を心がけ、現在では雑草が発生しないところが全体の7～8割になっているとのことである。

除草体系は、5割の田んぼはキューホー8条除草機1回で終わる。4割の田んぼは、キューホー8条除草機2回と、オーレック8条除草機1回で終わる。残りの1割の圃場は、オーレック8条除草機をさらに2回加えたり、部分的に和同除草機を入れたり、一部手除草も行なっている。

以上の栽培で、収量は「ササニシキ」が8俵／10a台、「ひとめぼれ」

は６〜８俵／10ａ程度となっている。

■農を通じてめざすもの

安部さんが、化学合成農薬・化学合成肥料を使用しない有機農法によるイネ・ダイズ栽培を始めたのは１９９０年のこと。長男のアトピーがきっかけで、その土地の土壌や生態系、そして食べてくれる人にできるだけ負荷をかけたくないという思いからだった。１９９３年の「平成の大冷害」を目のあたりにし、持続可能な農業のあり方も考えるようになったという。現在も有機農業の効率化を図りながら規模拡大中である。

いっぽうで、消費者を対象に、有機農業（食品）についての理解・関心を高める活動にも取り組んでいる。２０１４年に立ち上げた工房では、自社栽培の有機米・ダイズを糀や味噌等の発酵食品に加工し商品として販売することで、消費者とより直接的につながることができ、有機農業に関するメッセージを届けやすくなった。ＳＮＳを活用した情報発信や、地域での味噌作りワークショップの開催など、食べてくれる人にもっと有機農業（食品）や発酵食品を楽しんでもらう体験を、今後も提供し続けていきたいと、担当の光枝さんと陽一さんの次女・美佐さんは考えている。

陽一さんの長男・陽介さんも、後継者として就農している。陽介さんは、生産規模拡大に合わせた経営の合理化を進めること、労務管理を時代に合ったものにしていくこと、農家自らが商品をマーケティングし消費者へアピールすること、今後の日本の農業基盤を担う若い世代の農家同士で互いに情報交換・切磋琢磨していくことなどを通じて、日本の農業振興に貢献していきたいと語る。

事例４　中山間地の法人組織で良食味米を有機・減農薬栽培

愛媛県西予市・中野 聡さん
（田力本願株式会社）

■経営の概要

中野聡さんは、愛媛のコメどころ、

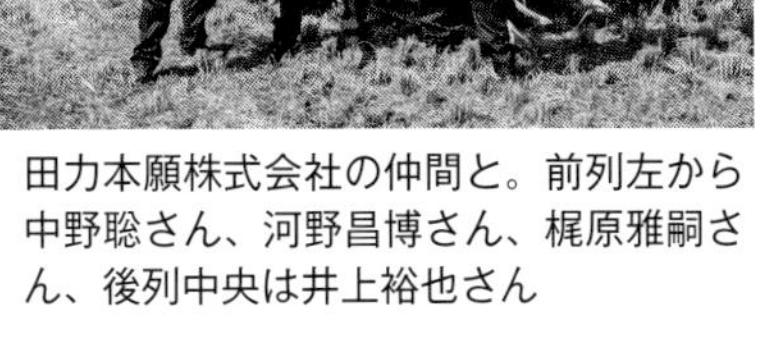

田力本願株式会社の仲間と。前列左から中野聡さん、河野昌博さん、梶原雅嗣さん、後列中央は井上裕也さん

西予市宇和町の中山間地で9haの水田を経営しながら、農家仲間と設立した田力本願㈱の代表を務めている。このうち、自然農法の水田が約1ha、特別栽培（減農薬・減化学肥料）が約6ha、慣行栽培が約2ha（飼料米など）となっている。自然農法を実施している水田では、秋処理、複数回代かき、田植え後田面施用、揺動型乗用除草機を活用して抑草を図っている。

「田力本願」では、コメのブランド化や加工食品の開発、食を通じたイベントの企画・運営を通じて地域活性化に貢献するためさまざまな活動を行なっている。

2013年、ミカンジュースの搾りかすを米ぬかなどとともに発酵させた「みかんボカシ」の開発に成功した。これを土づくりに使用した「みかん循環栽培」をマニュアル化して会社設立メンバーと共に栽培（特別栽培）し、「田力米」として会社を通じて販売している。ブランド確立のため食味コンクールへの挑戦を継続している。中野さんは個人としては、2021年産の「にこまる」で、「第23回米・食味分析鑑定コンクール」国際総合部門で金賞を受賞した。

なお、自然農法実施田では無化学肥料・無農薬米栽培期間が12年をこえて土壌環境が整ってきたとの判断から、数年前より資材投入を行なわない無施肥・無農薬栽培に挑戦している。

■自然農法センターとの出会い

代表の中野さんは比嘉照夫著『地球を救う大変革』を読んだことをきっかけに、化学合成物質に依存しない自然農法に興味を持った。そしてEMを活用した自然農法の普及に携わりたいという思いから、1998年に自然農法センターに勤務し、在職中は自然農法や有機農業に適した品種の育成や機関紙の作成、ホームページ管理業務など自然農法の普及・研究に関する業務に携わってきた。

その後、一人の農業者として自然農法を実践するとともに、その普及に貢献したいとの思いから、2007年春に両親の郷里である愛媛県西予市で就農して現在に至っている。

■有機イナ作の概要

中野さんの自然農法米は、無投入で行なわれている。取り組んだ当初は、牛糞堆肥なども活用していた。イナワラは全量還元しているが、スタートした当初は、秋処理の時にイナワラ分解促進のために鶏糞や米ぬか150kg／10aを施用し、その後田植え時の田面施用では、「こつぶっこ」を40kg／10a施用する流れだった。それまで秋処理に施用するはずのボカシを春先（3

月下旬）に投入したところ抑草に失敗した経験があり、２０２１年から無投入になっている。

地域でのラジコンヘリ防除などの兼ね合いで、自然農法の実施が難しい圃場がある。その場所は減農薬栽培としている。

「みかんボカシ」散布の様子
地力に応じて 100 ～ 150kg/10a を散布。
作業時間は 30 分 /10a 程度

■有機イナ作の実際

栽培において中野さんが特に気をつけている点として、以下の4点が挙げられる。

①秋処理を徹底して、イナワラの早期分解、土壌改善を進めること。

②適正な深水管理・減水深確保ができるため、あぜ塗りの強化や代かき、田面の均平化など、田植え前に田んぼらしい田んぼづくりを徹底すること。

③床土の改良や自家採種を継続することで健苗の育成に努めること。

④適期除草を実施できるよう作業体系の改善や設備の拡充を進めること。

高精度除草機での作業の様子
田植え後 7 ～ 10 日間隔で 3 回除草する。雑草が大きくなる前に実施。タイミングが重要！
作業時間は 20 ～ 30 分 /10a

これまでの経験から、雑草に負けたところは収量が上がらないと実感しているため、雑草が優占しない環境づくりと早期除草を心がけている。

中野さんの一年間の流れは以下の通りである。

秋起こしは10月中旬に15㎝の深さを目安に荒く2回、春起こしは3月のあぜ形成後に軽く耕起する。

育苗は、ホームセンターの無肥料培土と購入くん炭を１：１で配合した自家製育苗培土を使う。種もみは、無消毒の購入種子を温湯処理（60℃で10分）後、1日1回水を替え、1週間～10日でハト胸状態にし、水を切ってそのまま3週間程度7℃の保冷庫で低温処理してから播種する。播種量は、1箱当たり80gの乾籾を散播し、プール育苗で育成する。追肥はアミノ酸液肥の元（大和肥料製）1%で、チッソ0・7g／箱を目安に3～4回程度行なう。

代かきは基本2回行なっている。雑草の発生状態や、前年にノビエが多かった田んぼでは3回行なうこともある。荒代かきは「浅水深代かき」とし、入水後は溜め水管理でヒエやコナギの発生を促す。入水1週間後の中代かきは、深水浅代かきとし、植代かき前に雑草を除去する。田植えの3日前の植代かきは、水深5～7㎝の深水浅代かきとし、ロータリー速度を上げ、浅くまわすことで発芽した雑草を浮かせるとともに、トロ土層の形成を促すように作業している。

田植えは、品種や栽培法によって段階的に進め、5月上旬に減農薬「コシヒカリ」、5月下旬～6月初旬に自然農法の「コシヒカリ」、6月中旬から7月初旬までに減農薬の「にこまる」の田植えを行なう。

その後は、雑草の発生具合をみて、田植え後7～10日間隔で除草に入る。クボタの乗用揺動式除草機で発生初期の雑草を浮かせて処理し、対応しきれなかったノビエは田植え1カ月後に拾い取りするか、出穂後に抜き取る。

■今後に向けて

自然農法田は、現在無肥料で栽培しており、収量は5俵／10aである。慣行比で64%なので、地力チッソは十分利用できていると見られる。今後は、高温登熟対策と収量向上のため、品種を「にこまる」に切り替えるとともに、「みかんボカシ」の使用も検討している。

ただ、「みかんボカシ」の完成する3～4月の施用では未熟有機物施用の弊害で雑草の発生を助長するなどのリスクがある。そのため、貯蔵場所などの課題を克服して秋処理時に「みかんボカシ」を施用し、それを使用したものを「田力米プレミアム」として提供することを考えているという。

中野さんは、一人でも多くの生活者に自然農法農産物を安定的に供給するとともに、農業に対する関心や自然農法の意義などを伝えていきたいという。また、自然農法や有機農業関係者や行政関係者とも連携して、自然農法・有機農業の普及拡大や地域活性化に貢献したいと考えている。

事例5　学校給食向けの有機米の生産

長野県松川町・久保田純治郎さん

「ゆうき給食とどけ隊」の会長を務める久保田純治郎さん

■現在の取組状況

長野県松川町の久保田純治郎さんは、「ゆうき給食とどけ隊」の会長を務める。同会は2020年に発足し、化学肥料や農薬を使わない有機栽培で野菜やコメを生産し、町内の三つの小中学校の給食に提供している。メンバーは現在10人で、農家の高齢化が進み対策が急務となっていた遊休農地なども利用して、おもにコメ、ジャガイモ、タマネギ、ニンジン、長ネギの5品目を栽培している。2022年には、食と農林水産業に関わるサステナブルな取り組みを動画で紹介する「サステナアワード2022」で、最高賞の一つ「消費者庁長官賞」に選ばれた。

久保田さんは2017年に就農。最初は建築関係の仕事に携わっていたが、途中から兼業でコメ作りを始め、自分で営農する前の3年間は別の米農家のもとでイナ作に従事していた。2023年現在の取組状況は、有機イナ作が3・4ha（うち有機JASは60a）で、それ以外は農薬・化学肥料不使用で栽培している。

自然農法センターと圃場均平の実習風景。借りた初年度の田んぼは田面が凸凹だった

荒代かき前の水位調整の様子

米の販売先は学校給食、個人、ふるさと納税返礼品、ECサイトなどである。このほか、ダイズが約20a、オオムギが13a、ネギが14aで、初めは1年ごとのローテーションで行なっていたが、現在は状況に応じて転換している。そのほか、受託作業も請け負っている。

■有機農業の取り組み

久保田さんが有機農業に関心を持ち始めたきっかけは、2017年頃に民間稲作研究所の公開シンポで稲葉先生や脳神経学者の木村—黒田純子先生の話を聴いたり、自然農法センターの勉強会に参加したことだった。その後、2020年に松川町が有機農業推進の事業で自然農法センターの指導を受け入れることになり、有機農業に実際に取り組むようになった。

耕作地のほとんどは借り受けた農地である。そのほとんどが慣行栽培の履歴であり、不耕作地を借り受けることもあった。借りて2~3年目で雑草が繁茂して収量が落ちる傾向にあった。

苗代のポット苗の様子

■慣行田や休耕田を借り受けての経過

有機イナ作を始めるにあたって一番気になる雑草を抑えるための栽培技術をいろいろ見聞きし、深水管理や早期湛水、米ぬか散布などそのポイントをわかる部分で切り取って実践していたが結果にはつながらず、実際には理解できていないところが多かったとのこと。

自然農法センターの指導で、イネや田んぼの見方、向き合い方なども含めて見直し、現在では耕作している地域

田植え後の苗の様子

の気候や土壌タイプを考慮した栽培計画を立て、一年のなかでもここが大事だというポイントがわかるようになったと感じている。こうしたことを継続して経験を積み重ね、一年ごとに現れる課題を改善しながらレベルアップを図りたいと語ってくれた。

■栽培のポイント

自然農法センターの指導で、秋処理の重要さを認識した。収穫後の耕耘をあまり先送りしないよう、できたら10月のうちに行なっている。排水が悪い圃場に関しては、排水口がない田んぼもあるため明渠を作って対応している。

苗づくりは一番重要だと考えており、ポット苗の成苗植えを実践している。課題としては、苗の老化による初期生育不良で分げつが進まない、また抑草効果が落ちてしまう問題があり、そこが早期に改善すべき課題と思っている。

施肥はイネの初期生育を促すためにも大事かと思うが、今までちょっと控えめであった。トロトロ層形成やイネの初期生育および除草程度は、その田んぼの地力と施肥に関係してくると思うので、今はあまり控えないほうがよいと思っている。今後は自然農法センターと相談しながら施肥量を検討したいと考えているとのことだ。

春の耕耘や代かきは、田植えを基準に計画している。具体的には、田植えから2日前に植代かき、10～14日前が荒代かき、そこから間隔を取って春の耕耘、という順で計画しながら進めている。田植えは6月上旬。これまで栽植密度は45株／坪だったが、自然農法センターとの比較検証で50株／坪のほ

稲刈り前の様子

稔りの秋を迎えて

コラム

田畑輪換を行なう際の留意点

うが収量がよいため切り替えている。

田植え後の管理は、基本的に水田除草は田植え10日後と20日後に実施している。初期の除草作業がタイミングよく行なえるかが重要だが、草刈や他の作業と並行して行なっているため除草作業が遅れることもある。そのなかで工夫しながら除草作業を進めて、植えてからはイネの成長力に任せている。

水管理は、ノビエが出やすいと感じている田んぼだけ5㎝以上キープできるように意識して管理している。そうでない雑草の場合は、浅水管理でもよいという考えに変わってきており、中干しも登熟を考えてタイミングよく実施していきたいとのこと。

収穫時期に入ったら受託作業とあわせて手いっぱいになるが、収穫が順調に終われば、次のシーズンが始まるという意識で秋耕耘を実施する、という感じで一年が回っている。

平均収量は5俵だが、苗や施肥技術などを見直して改善を図りたいとのことだ。

■農を通じてめざすもの

今後については、営農状態と設備などのバランスを考えながら営農面積を増やしていければと思っている。

また、松川町でせっかく始まった有機給食の取り組みが広がるよう、米づくりの仲間を増やしたい。そのためにも実績を積んで認めてもらえる営農を展開していきたい。

久保田さんには、自身が取り組んでいる環境保全型農業を通じて、地域の環境保全に貢献したいという考えがある。また、松川町の素晴らしい自然環境のなかで、次世代の子供たちが健康に成長できることと、その環境で育つことにより自然保護など環境保全の意識を持ってもらいながら、この地域の自然が継承されてく流れが農業を通じて広がればと語ってくれた。

イナ作においては、連作する場合もあるが、何年かのサイクルで畑と田んぼを転換する場合がある（田畑輪換）。

田畑輪換には、メリットとデメリットが存在するので、その点に留意して行なうかどうかを検討する。田畑輪換のメリットは、土壌物理性の改善、連作障害の軽減、雑草の発生を抑制、土壌養分の有効活用（前出の畑や耕作放棄地から復田する場合を参照）、などが挙げられる。いっぽうのデメリットは、地力の消耗が見られることもある、米の高タンパク化による食味低下、圃場の均平や漏水対策などで復田に手間がかかる、などがある。

写真２　復田後のイネ。生育が旺盛である

写真３　連作田のイネ。ところどころ雑草との競合が見られる

イネが吸収する地力チッソの割合は60～70％と言われるが、復田すると地力チッソの発現が多く倒伏やコメの高タンパク化が課題となる。田畑輪換では、ダイズを作付けると元の水田よりも地力チッソが低下する例が多く報告されている。例えば、ダイズ2作分の減少量と水稲3作分の増加量はほぼ同等（西田 2010）らしい。田畑輪換でムギを作付けるイネ・ムギ二毛作では、地力チッソが増えてコメの収穫量が1割増加する例もある（岡山県 2021）。

田畑輪換に向く作物としては、ダイズ、コムギ、スイートコーンなどがある。田んぼからの切り替え時には、しっかりとした排水対策が必要だ。あわせて作物残渣の管理（分解のさせ方）など、地域の状況に合わせた考慮が必要だ。

栃木県芳賀町の綱川自然農園では、先代が1952年から自然農法を始め、現代表の綱川稔さんが1993年に経営を引き継ぎ、田畑輪換を取り入れた無肥料栽培に挑戦している。イナ作を約10年継続したあと、ムギ・ダイズを2年、緑肥を活用した野菜畑を約4年、イネ・ムギ・ダイズを2年、というサイクルで、植物残渣以外の有機質肥料を使用しない無肥料栽培を長期に行なっている。コメの収量は慣行収量比70％の390kg／10a取れており、田畑輪換で難防除雑草のクログワイもこの方法で対処している。このサイクルでそれなりに地力を維持できていると実感しているとのことだ。

筆者は、作物を永続的に生産するうえでの地力チッソや他の養分などが長期的に運用できるかが、田畑輪換における大きな課題と考える。田畑輪換の組み合わせや堆肥や緑肥の供給、土壌分析などによる土壌の状態変化の確認などが必要だろう。

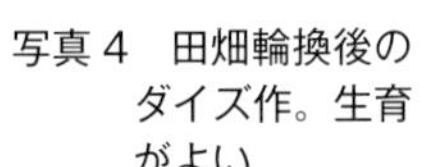

写真４　田畑輪換後のダイズ作。生育がよい

写真５　野菜畑の様子

第5章

品質の安定・向上と病害虫対策

収量・品質の安定と病害虫対策の基本は、イネが健康に育つことだ。本書では、雑草との陣取り合戦に勝って、有機イナ作を成功させるための考え方と技術について述べてきたが、それは、一義的には収量の確保と裏腹の関係にある。本章では、これまでの内容を踏まえて、品質の安定化と、病害虫対策のポイントについて解説する。

1 品質を安定・向上させるには？

有機イナ作において、収量と品質を向上させるには、初期生育が非常に重要である。なぜなら、収量確保はもちろんのこと、雑草との競合、いわゆる雑草との陣取り合戦において有利になるからである。加えて早期に茎数を確保することで、遅れ穂による品質低下防止を図ることができるからである。

(1) 食味の向上

コメの品質のうち、食味はその重要な要素である。

食味に影響する要因はいくつもある。栽培に関係する要因のほかに、コメの保管条件や搗精、炊飯の仕方なども含めれば、その数は非常に多い。

そのなかで、特に影響する要因は品種と施肥であり、次いで気象、作期、土性、収穫時期などであり、食味を左右するおもな要因は生産者側に多い（農文協編 1992）。

食味は多くの評価方法があるが、ここではおもにコメのタンパク含有量に焦点を当ててみよう。一般にコメのタンパク含有量が高いと食味が低下する。第1章では、有機イナ作では中生品種の利用が基本であると述べた。品種の早晩性と地力チッソの供給の関係から、早生は出穂までの生育日数が短く、茎数が十分に確保できる前に幼穂形成期に入ってしまうため収量が少なくなる。これに加えて、茎数不足による総もみ数の減少と、出穂が早いことによる登熟期間の温度条件などが相互に影響して、タンパク含有量が高まりやすい。中生は生育日数が早生よりも長いので茎数を確保でき、収量が安定しやすく、コメのタンパク含量は早生に比べて少なくなる。

また、コメの粒の大きさでもタンパク含有量は変わる。コメの粒が大きければタンパク含有率が低く、粒が小さければタンパク含有率が高い傾向が見られる（表1）。また、コメの粒が大きければ整粒歩合も高まるから、コメの外観にも影響する。適正なもみ数を確保し登熟を高められれば、結果としてコメのタンパク含有量を抑えるとともに外観がよくなる。

(2) 被害粒の低減

乳白粒や胴割れ粒などの被害粒の有無も、重要な品質の要素である。被害粒の発生には複数の要因がある。生育ステージごとに見れば、1段階目としては初期生育旺盛によるもみ数過剰、2段階目として梅雨から8月の低温や日射量不足によるデンプン同化量の不足、3段階目は登熟初期の高温による胚乳細胞形状の異常、4段階目は登熟期の高温・低温・日照不足・チッソ不足による転流時の障害、がある。このように玄米の被害粒は気象的要因と養分状態によるところが大きい。

このうち、気象的要因では、登熟初期の高温により胴割れ粒が発生しやすく、登熟初中期（出穂後20日間）の高温（平均気温26℃以上）により背白粒や基白粒や乳白粒が発生しやすくなる。これら被害粒の発生には、近年の温暖化や田植時期の早期化、早生品種の作付けなどが影響している。

対応策としては、登熟初中期に高温（平均気温26℃以上）とならないよう、出穂期を遅らせるために田植え時期（播種）を遅くしたり、中生品種や晩生品種を使用したりする。このほかに、高温登熟に耐性のある品種を利用する、水管理の工夫（中干し・深水・かけ流し）によって根の活力を維持し、地温・水温の冷却を図ることなどがある。

次に養分状態では、登熟期の低チッソ条件では背白粒や基白粒や胴割れ粒が発生しやすくなり、高チッソによる初期過剰生育によって乳白粒が発生しやすくなる。

対応策としては、地力の向上や深耕、適正な施肥技術、水管理の工夫による根の活力維持などがある。

いずれにしても、品種の持つ力を十分に発揮させ、生育期間中の地力チッソの放出量とイネの吸収量が近くなるように健康に成熟させることをゴールとし、適切な土づくり（育土）や田植えとその後の管理で、コメをピンピンコロリと収穫できるのが理想だ。その

表1　同一米の調整時における粗タンパク質含有率

（高取ら 1989）

網目（mm）	整粒歩合（%）	粗タンパク質（%）
2.0	90.2	7.46
1.9	79.6	7.58
1.8	69.6	7.62
1.7	60.2	7.77

ためには、イネの健康維持のため適正な葉面積を確保するとともに、収穫期まで1穂当たり2～3枚程度の生葉数を確保して根の活力を維持することを意識した管理を心がけ、年間を通じて田んぼやイネの生活習慣に気を配りたい。

2 病虫害に強くするには？

(1) 病害虫は予防が第一

病虫害のうち病害については、主因である病原体、素因である作物、そして誘因として気象要因を含む栽培環境、の3要素がそろった時に発生しやすくなる（図1）。理論上はこれらの3要素のうちのいずれか一つを除いてやれば病害は起こらない。

しかし、現実には、素因としての作物は除くことがそもそもできないし、残りの2要素も完全に排除あるいは最適化することは難しいだろう。虫害や雑草害についてもほぼ同様のことがいえる。

対処法としては、耕種的防除・物理的防除・生物的防除・化学的防除があり、慣行栽培では化学的防除を柱に主因に焦点を絞った対策が取れる。しかし、有機ＪＡＳで使用可能な化学的防除資材はわずかであり、主因に焦点を絞った対策が取りにくい。そのため、有機イナ作では収量損失を最小限にするため、耕種的防除・物理的防除・生物的防除を適切に組み合わせ、年間を通じて3要素を小さくする努力が必要であり、とりわけ予防技術を重視する。

有機イナ作における3要素への対応策をまとめよう。主因に対しては、体系処理では、温湯処理は保菌率が高い場合にはイネ褐条病などの細菌性病害に対して防除効果が低いことが指摘されているが、催芽時に2・5％食酢処理（32℃24時間）を行なうと高い卓効を示すため、温湯処理と併用すると効果が高まる。物理的防除としては、種子への温湯処理や雑草種子に対する蒸気処理、害虫に対する捕虫器などがあろう。生物的防除としては浸種時の微

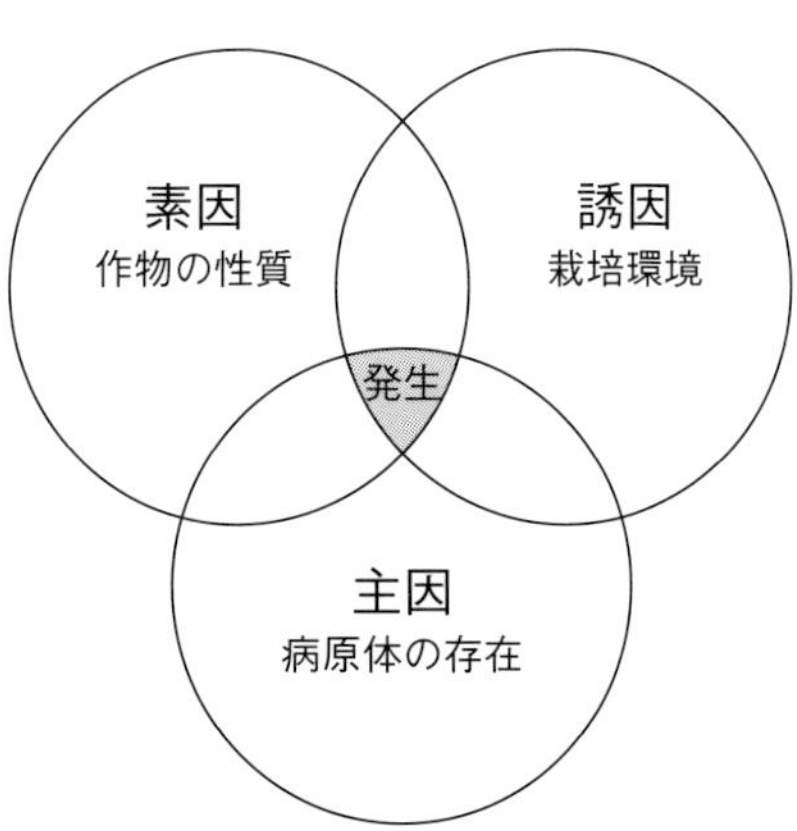

図１　病気の成立要因とそれらの相互関係

生物農薬や、雑草や害虫に対するアイガモ利用などがある。

素因（作物の性質）に対しては、おもに病害に対する抵抗性品種の利用があろう。

誘因（栽培環境）に対しては、気象環境（気温・水温・湿度）の調整、土壌改良と施肥改善、作期の移動、作付け体系や栽培方法の改善などの耕種的防除が挙げられる。

(2) 栽培環境の調整と防除対策

栽培環境の調整と防除対策の関わりについて、少し詳しく見てみよう。

まず気象環境の調整では、防除に限界があるが、冷水灌漑による水口のいもち病対策として、迂回水路を設けるなどがある。

土壌改良と施肥改善は、病害の防除と関わりが深い。例えば、イネごま葉枯病、すじ葉枯病などは、老朽化土壌などでチッソ、リン酸、カリ、鉄、マンガン、マグネシウム、ケイ酸などが生育後期に不足する田んぼで発生する。これらの病害には、客土や堆肥施用、土壌改良材の施用が有効で、含鉄資材はごま葉枯れ病防除に効果がある。すじ葉枯病は、生育後期にリン酸やカリが欠乏すると発生しやすいので、適正な肥培管理を行なう。

チッソ肥料の多施用は、多くの病虫害を誘引する。チッソ過剰はいもち病に対するイネの抵抗力低下に加えて、過繁茂による株間湿度を高め、いもち病菌の活動を助長する。したがって、チッソ供給や栽植密度の調整、ケイ酸の施用はいもち病防除に効果がある。

また、ケイ酸が不足する田んぼでは、ケイ酸を多く含むケイカルやソフトシリカなどを施用することによりイネがよく吸収するともみ殻が大きくなり、割れもみ率が減少することによって斑点米が減少することも知られる。

温暖地などに限られるが、早期・早植栽培を普通期栽培に変えるなど、作期を移すのも一つの手段である。紋枯病や縞葉枯病は、早期・早植栽培で多発するため、普通栽培に切り替えることで、病原体やその媒介虫の活動盛期をずらし、発生と被害を軽減することができる。作付け体系や栽培方法の改善については、水田雑草が多発しどうにもならない場合は3～5年程度の田畑転換で発生量を軽減できる。

水管理も、病害防除に有効な場合がある。中干しや深水管理で過繁茂を抑えることにより、生育後半の秋落ちを防ぎ、ごま葉枯病の発生を抑える。また、登熟期の早期落水は変色米の発生を助長するので注意する。

(3) おもな病害虫と対処法

ここでは、有機イナ作において問題

となる代表的ないくつかの害虫や病気の対応について記述する。

① イネミズゾウムシ

イネミズゾウムシ（写真1）は、成虫が越冬源から侵入し、移植後のイネの葉を食害しながら産卵、幼虫がイネの根を食害して分げつの増加を邪魔する。結果として茎数が不足し、減収する。防除水準は0・5頭／株と言われる。

被害の予防策はいくつかある。耕種的防除では、草刈りやあぜ焼き、周辺環境（近隣の休耕地）の管理による越冬源の撹乱が挙げられる。イネミズゾウムシの侵入盛期を把握し、それを避ける時期に田植えする。

苗は、稚苗では被害が大きくなるため、中苗以上の健苗が望ましい。また、稚苗で栽植密度が低いと影響が大きくなる。

侵入盛期には深水よりも浅水管理や落水によって産卵率が上がらないように努力する。その場合、雑草が発生しやすくなるので除草対応を視野に入れる。

イネの初期生育が旺盛になるような栽培条件では被害を軽減するが、イナワラなどの有機物の還元方法や土壌水分管理の不備による異常還元は、イネミズゾウムシの被害を助長させる（写真2）。

物理的防除では、春先の低温時にはイネミズゾウムシがあ

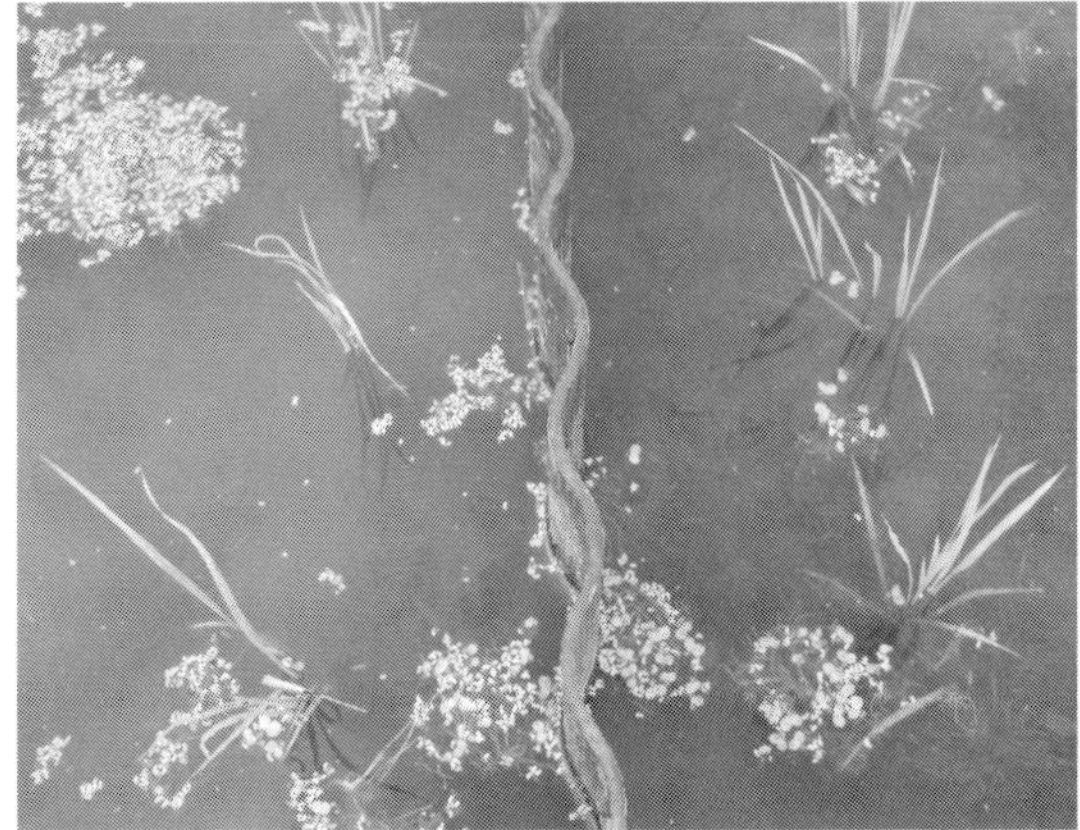

写真2　イナワラすき込み時期の違いとイネミズゾウムシ食害

写真1　イネミズゾウムシ

ぜから侵入してくるため、あぜより田んぼの内側にあぜシートを設置して障壁を作り、成虫の侵入を防ぐ。

以上のように、さまざまな方法を総合的に組み立てて予防と被害軽減に努める。

②カメムシ

斑点米は、カメムシの吸汁加害によって発生する。出穂〜乳熟初期の加害では「シイナ」や「くず米」となり、コメの収量に影響する。乳熟後期以降では、玄米は生育不良とはならないが斑点米となり、規格外の発生など品質低下の原因になる。

カメムシ類（写真3）の発生要因は、①暖冬によってカメムシ類の越冬率が増加する、②穂がカメムシ類のエサとなる水田雑草のノビエやイヌホタルイが発生する、③高温少雨によってカメムシ類は行動が活発になり、エサとなるイネ科雑草の生育が旺盛となって発生量が増加する、④水田周辺の牧草地や休耕田などでイネ科雑草が生育してカメムシ類の繁殖場所となっている、⑤割れもみによって開口部ができ、口器の弱いカメムシ類（カスミカメムシ類など）でも吸汁が容易になる、などがある。

被害の予防のためには、耕種的防除では、育土を進めてノビエやイヌホタルイが発生しにくい状況にし、イネの初期生育を順調に進めることと適期除草でエサとなる雑草を少なくする。畦畔のイネ科雑草の穂が斑点米に関係するエサになるため、草刈りは、幼虫が主体となる7月中旬と、イネが出穂する10日前に行な

写真3　斑点米カメムシ類（イネカメムシ）

斑点米カメムシには、大型のクモヘリカメムシ、ホソハリカメムシ、ミナミアオカメムシ、中型のトゲシラホシカメムシ、オオトゲシラホシカメムシ、小型のコバネヒョウタンナガカメムシ、アカヒゲホソミドリカスミカメ、アカスジカスミカメがある。これらのカメムシはイネ科雑草もエサ資源にするため、水田周辺の除草が効果的で発生予察も可能である。近年、茨城、千葉、静岡、愛知、岐阜、京都、三重、滋賀、山口、広島などでイネカメムシの発生が見られ、問題化している。本種は、イネ科雑草には寄生せずに、直接出穂したイネに侵入して加害する

うのがよい。また、10㎝程度に高刈りすることによってイネ科以外の雑草の優占度を高めるよう意識する。

カメムシ類は畦畔から侵入するため、あぜ周り（額縁）の被害が大きくなりがちである。そのため、額縁を別刈りすることによって被害粒混入を少なくできる。

割れもみはケイ酸の吸収量が少なくもみがらが小さいことで起こるため、不足する場合はケイ酸の供給を行なう（幼穂形成期から吸収量が増える）。ケイ酸の施用は一般的には元肥として入水前に施用されることが多いが、吸収が旺盛になる直前の出穂40日前頃の施肥も効果的だろう。

収穫調整後の対応としては、色彩選別機の利用によって除去できる。

③ いもち病

いもち病（写真4）は、感染部位によって呼び名が変わる。葉に感染した場合は「葉いもち」、穂に感染した場合は「穂いもち」という。分げつ期に多発すると株全体の生育が抑制され、株が萎縮するずりこみ症状が見られる。葉いもちは穂いもちの伝染源になる。

穂いもちは、感染部位によって被害の大きさが変わる。出穂直後に穂首節に感染した場合は穂全体が枯死して白穂になり被害が大きく、出穂後日数が進んでから感染すると登熟不良となる。枝梗に感染した場合は、感染部位から上が枯死して登熟に影響する。もみに感

写真4　いもち病
左：葉いもち、右：穂首いもちと枝梗いもち

染するともみ殻の先端や側面から白化する。いずれも登熟に影響して収穫量が減ずる。

田んぼでの感染源と感染条件を見ると、第一次感染源は、イナワラやもみの罹病組織で越冬した菌で、これは乾燥状態にあると翌春まで生き延びる。春に水分を得ると分生子を形成して空気感染する。第二次感染源として、田んぼに放置されたままの補植用苗がある。苗が密な状態なため増殖に好適環境を与えて発生リスクが高まる。

感染好適条件は、「温度・湿度」がおもな原因で、イネの体質的問題もある。感染適温は20～25℃といわれ、湿度が高いと胞子の飛散が活発になる。よって、連続降雨・霧・曇などによってイネが濡れている時間が長いほど感染率が高くなる。イネの体質的問題としては、日照不足やチッソ過多やケイ酸吸収不足による抵抗力の低下（不健全なイネ）が挙げられる。

被害の予防策としては、まずは田んぼや育苗スペースなどに伝染源を持ち込まないことが基本だ。罹病したイナワラやもみがらは、次年度の伝染源になる。種子伝染もするので、網目選や塩水選などで確実に健全種子を選別し、温湯処理や浸種時の微生物農薬などで発病を防ぐ。播種時の覆土量が少ないと根上がりが起こって感染しやすくなるため、覆土量は適切にする。田植え後に補植が終われば、その苗は早めに撤去する。

抵抗性品種を利用する手もある。利用可能な抵抗性品種は地域によって異なるので、各地域の普及指導センターなどで確認するとよい。

栽培上での対応としては、イネの抵抗力を低下させないため、多湿環境やチッソの過剰吸収による過繁茂を避けてケイ酸吸収を高めたり、肥沃度に応

表2　長野県松本市波田のチッソ施肥量と被害度（2011年）

栽培方法	穂首いもち被害度（%）注1）
隣接慣行（ネギ畑からの復田）	＞50
有機1（チッソ：元肥3.6kg・移植後追肥3.6kg/10a）	16
有機2（チッソ：元肥0kg・移植後追肥3kg/10a）	9
有機3（チッソ：元肥0kg・移植後追肥0kg/10a）	6

注1）穂首いもち被害度＝1m^{2}当たり罹病穂数÷1m^{2}当たり穂数×100で示した
注2）作物栽培支援装置クロップナビに組み込まれたいもち予察により、いもち病感染好適条件（①判定日の前5日間の平均気温が20～25℃、②葉の濡れ時間が10時間以上でその時の気温が15～25℃）は8月1日～9月3日までの間に20日間認められた

じて株間を広めに取って風通しをよくしたりして、健全なイネの育成をめざそう。密植は多湿環境を誘発し、極端な疎植は株当たりのチッソ吸収量が高くなるため注意が必要だ。

いもち病は、チッソ施肥量やイネのチッソ吸収量が高いと発病度が高まる（表2）。そのため、チッソ肥料の多施用と基肥の重点施用を避け、田植え後施用とあわせて適正量を分施するとよいだろう。土壌からのケイ酸供給が不十分な場合は、有機ＪＡＳに対応したケイ酸資材を施用してしっかりと吸収させる。

なお、いもち病が発生しやすい腐植含量の多い湿田や泥炭田、老朽化水田等では客土や排水対策などの整備を行なう。

有機ＪＡＳにおいて、穂ばらみ期から刈り取り時期まで使用できる使用可能な微生物農薬の登録もあるが、耕種的防除、物理的防除、生物的防除などを総合的に組み合わせて、発病しないように努めることを基本としたい。

コラム

メタンガスの排出をどう考えるか？

人間活動によって発生する温室効果ガスの多くが二酸化炭素だが、2番目に寄与が大きいのはメタンと言われる。メタンは、牛のげっぷや、油田、ガス田、水田などから発生するが、日本では水田からが最も多く発生している。水田の土壌のなかには、嫌気的な条件でメタンを作るメタン生成菌が住んでおり、土壌中で作られたメタンの多くはイネの茎や根の空隙を通って大気中に放出される。

当センターにおいて、2014年～2015年に隣接する慣行管理と有機管理のメタン放出量を測定した。有機管理は、耕耘時期（秋耕・春耕）、追肥時期（田植え後早期・穂肥）も比較した。すると、有機管理の方法によっては慣行管理よりも湛水期間中にメタン放出量が少ない時期もあったが、慣行管理は中干しが早いため総じて有機＞慣行となった。有機管理の耕耘時期では春耕＞秋耕、有機管理追肥時期では早期＞穂肥の関係が見られ、中干し後の間断灌漑でメタンが少なくなる（図２）。

メタンガスの発生を少なくするには、イナワラなどを十分に分解させる、施肥方法を工夫する、非栽培期間中の土壌環境をできるだけ酸化的に維持する、中干しの実施、などがある。これらの管理は、慣行と有機ともに共通して意識する課題であろう。

有機質肥料の施用はメタン発生が多くなる傾向があるが、水生生物を増やすことに貢献している。また、田植え時期が遅いことによる中干し時期の遅れは、カエルやトンボなどが変態するのに必要な時間を提供するなど、生物多様性の維持に貢献していると考えられる。

こうしたいくつかの例を見ると、有機管理にもリスクとベネフィットが存在するようである。いろいろな観点から総合的に理解を深め、よりよい管理になるよう、研究開発の進展を願う。

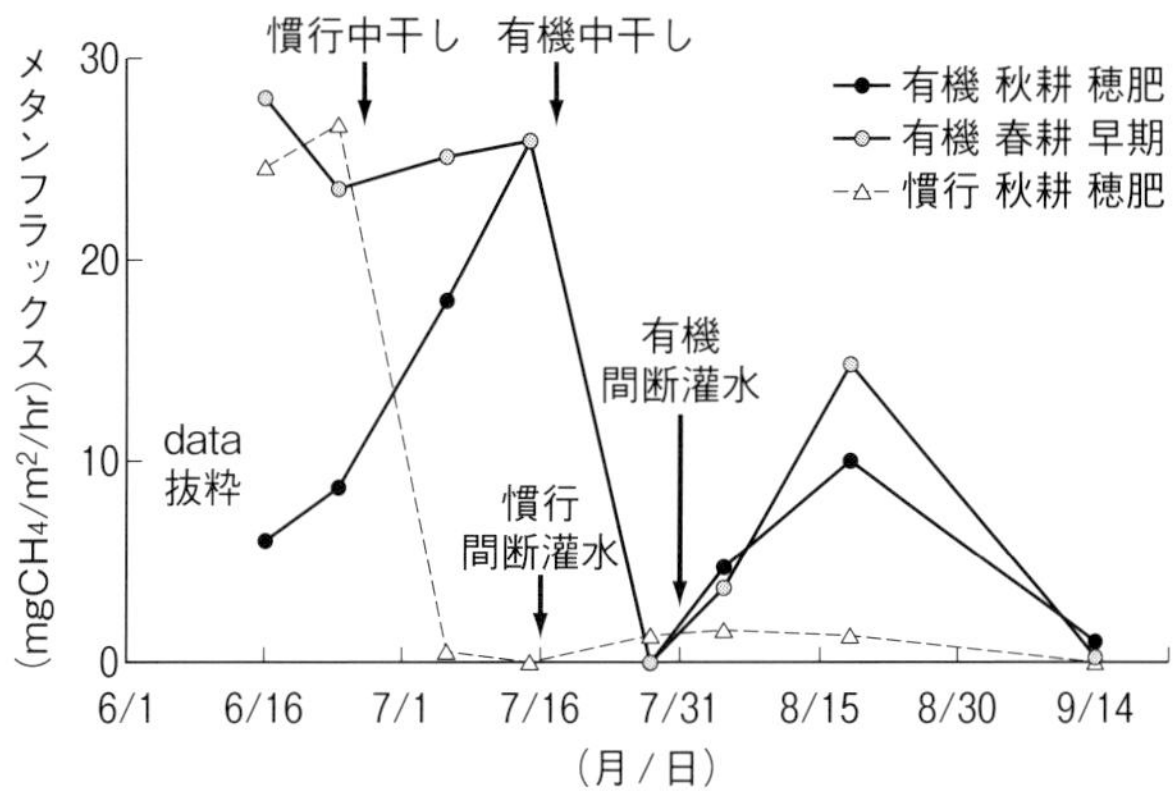

図２　栽培方法とメタンフラックス（自然農法センター 2015）

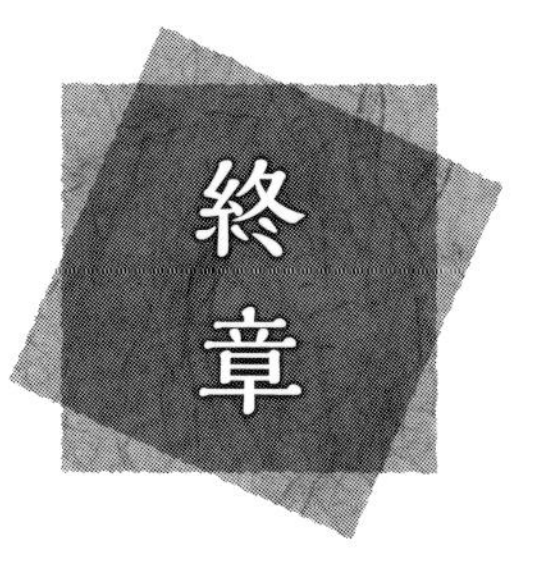

持続可能な「農」に向けて

1 近代的な集約農業の課題と有機農業

産業革命以降、世界の人口は急激な増加を始め、1800年頃の人口10億人ほどから、2023年には80億人を超え、開発途上国を中心にまだまだ増加の一途をたどっている。この200年あまりのあいだに、化学肥料の発明、新しい耕作法や品種の開発、圃場整備や灌漑法の開発などが、食料不足の問題をある程度解決してきた。

しかし、多収や経済性を重視した化学肥料や農薬の多投により、環境の汚染や作業者の健康被害、生物多様性の低下などの問題が生じた。また、農地においても、土壌の侵食や排水性の悪化、地力の消耗、エネルギー使用量の増大など、さまざまな問題が生じている。

有機農業は、こうした問題に対する反発などを機に開始され、独特の自然観などを持った思想家や実践家から多くの農法が生まれてきた。有機農業は農地全体を一つの生態系と捉え、土壌内外の生物多様性を育みながらともに生き、生産活動を行なう。

しかしながら、有機農業者にとって、経営を安定させることは大きな課題である。農水省が行なった調査によると、「生産コストに見合う価格で取引してくれる販路の確保」「収量、品質を確保できる栽培技術の確立」をそれぞれ7割の回答者が選択している（農水省 2007）。

2008年には有機農業推進法が策定され、有機農業研究や行政の推進計画、実践者への補助などが行なわれるようになってはいるが、本格的な実践者の増加には至っていない。国によるさまざまな方面へのサポートがまだまだ必要だろう。

いっぽうで、近代的な集約農業においても、化学肥料や農薬などによる環境負荷の低減に向けた取り組みが進んでいる。近年では、「環境保全型農業直接支払交付金」として、有機農業でも取り入れられている技術（堆肥の施用・カバークロップ・秋耕・冬期湛水（地域特認取組）など）に補助金がつけられてもいる。

筆者としては、有機農業と近代的な集約農業の技術的な交点が増えてきていることに注目しておきたい。

有機農業で行なわれている予防技術は、作物の健康や体質強化とともに生物多様性を育みながら病気や害虫が問題とならないように農地の生態系を整えることをめざすものである。これらの科学的な研究とその蓄積が進み、近代的な集約農業の技術的な交点が増えていけば、化学肥料や農薬の使用量低減に貢献していくだろう。

そもそも有機農業自体、近代的な集約農業の発展による恩恵を受けている面もある。品種改良や圃場整備、土壌改良によるリン酸不足などの改善、機械化などにより、有機農業の生産性も向上してきた。今後の農業技術の開発は、近代的な集約農業と有機農業で異なる部分は残りつつも、共通部分を見い出して発展していければよいと思う。両者を二項対立的に捉えるのではなく、段階的に同じ方向に向かって変わっていけばよいと思う。

2 「農」をめぐる課題

「農」を取り巻く課題は数多く複雑化している。世界的に見れば、発展途上国や新興国などでの人口増によって、食料需要は増加している。しかし、環境悪化や異常気象による干ばつ害、農業用水の減少、土壌や水質の汚染などは、食料の安定供給にブレーキをかけている。

また、日本国内では、産業構造の変化や都市化に伴って農業人口の減少と高齢化が進んでいる。いっぽうで、単価の低い作物から高収入作物への転換や産地化による作付け集中、機械の大型化や資材・農作物の流通経費の増加、燃料費高騰など、農業者にかかる負担とリスクは高まっている。

２０２１年、農水省は「みどりの食料システム戦略」を発表し、２０５０年までに「農林水産業のCO_2排出量実質ゼロ」「化学合成農薬の使用量50％削減（リスク換算）」「化学肥料の使用量30％削減」「有機農業を１００万ha（全農地の25％）に拡大する」などの数値目標を掲げた。

また、農業生産の新しいシステムや新しい技術普及の開発に向けた動きもさかんだ。就労人口の高齢化や減少が進む現代において、ドローンやロボット、リモートセンシングは大きな助けになり得るし、さまざまなモニタリングや予測システムとＡＩの組み合わせによって、経験が少なくても判断がしやすくなっていくだろう。今後、研究分野を超えた俯瞰的かつ横断的なシステムの構築によって、イネの生育予測や、病害虫および雑草の発生予察、温度や土壌水分によるイナワラや堆肥および有機質肥料の分解や肥効予測などが行なわれるようになれば、有機農業にもっと取り組みやすくなるだろう。

個人的には、国が有機農業の拡大を政策に位置づけ、取り組みを進める流れになったことは歓迎しているし、新たな技術開発に期待もしている。いっぽうで、新たな技術が生まれたとしても、それが方法論ありきになってしまわないかという危惧も抱いている。第2章で述べた栽培暦の組み立てのように、目標とする状態に向けて栽培全体をデザインするという視点が、よりいっそう重要になることだろう。

3 持続可能な「農」に向けて

私たちは経済社会で生活する面はあるにせよ、本質的には、自然とともに生き、生かされている。科学は多くの自然の事象を明らかにしてきたが、まだまだわからないことは多いし、いまだに科学は万能ではない。

「農」の持続性を考える場合、イネ・土・雑草・虫・あぜ、そして田んぼからのメッセージに耳を傾け、私たちの行為が環境やイネにとって喜ばれることかどうかを問いかける姿勢が大事になるのではないかと思う。

序章において、三つのポイント（耕作の目的・選択される管理・田んぼの各種条件や状態）がまとまるように有機イナ作を組み立てることを述べたが、その土台には、田んぼや周辺環境、生き物への問いかけが据えられるべきだろう。

生産者は自然と交流し、コメを生産しながら生き物とともに生きる。行政は政策や施策面で、研究機関は技術開発において、それぞれ果たすべき役割がある。それらの間の交流や情報共有が密になることで、地域に根差した「農」、さらには持続可能な「農」が、形作られていくと信じている。

あとがき

自然農法・有機農法のイナ作を研究するようになって20年以上が経過した。もともと自分は研究に向いていないと、最初は苦しんだ。それでも、「農家の困りごとを一緒に解決し、一緒に喜び、その先の消費者や地球環境にも喜ばれるようなことがしたい」という、学生時代の思いを胸に必死に走った年月だった。最初の頃は、研究で協力いただいた田んぼで100時間／10ａの除草を経験したり、試験圃場の割付を間違えて上司を困らせたり、育苗中の苗を危うく全滅させかけたり、いろいろな失敗をした。知識や経験が足りないところは、体力と時間と気力で立ち向かった。

そのうち、長野県の松本市で試験研究をしながら、農家の田んぼでも比較検証をする機会が増えていった。農家と一緒に学び合える時間は、とても刺激的に思えた。やがて、自治体や農家グループから講演や技術指導にも呼んでもらえるようになり、気がついたら学生の頃に抱いた思いに近づいていた。そして田んぼが大好きになっていた。とても幸せなことだ。こうしたことを仕事として続けられるのは、職場の上司や先輩、同僚、パートタイムの皆様の支えがあってこそだ。また、自然農法センターとお付き合いいただいた農家の皆様との関係がなければ、研究の進歩はなかったと思う。もちろん、共同研究でご一緒した先生方との仕事も刺激的であった。

今回、縁あって本書の執筆の機会を得た。本書は、これまでの当センターの研究成果や普及現場での実態調査などをまとめる意味もあったのだが、あらためて振り返ってみると、「温故知新」的な要素が多いように思う。しかしながら、そうではあったとしても、これまでの有機イナ作で見落とされがちだった部分や、見えなかった部分が本書を通じて読者の皆様に届けられたのであれば、当センターにとって喜びである。

最後に、本書の編集に携わった荘司博史氏には有益な指摘をいただき、本書の出版に尽力いただいた。ちなみに筆者の趣味は登山とわら細工であるが、愛読書『つくって楽しむ　わら工芸』の編集にも携わったとのことで嬉しかった。

これまでの研究には、携わった多くの職員の成果と、研修生からの多くの支援と協力を受けた。また、研究のフィールドとして協力いただいた多くの生産者の皆様は、現場での成果とディスカッションを通じて多くのものをもたらしてくれた。

本書を書くきっかけを与えてくれた自然農法センターの黒田達男理事長と、支えてくれた役員、理事の皆様、職員の皆様、パートタイムの皆様、事例掲載を快諾してくれた生産者（敬称略）の安部陽一、安部光枝、安部陽介、安部美佐（宮城県）、村瀬麻里子、高井文子（山梨県）、竹内孝功、久保田純治郎（長野県）、中野聡（愛媛県）、筆者に関わってくれたすべての皆様へ、ここに感謝の意を表したい。

三木　孝昭

参考文献

［W］はウェブ上に掲載の資料

阿部大介・三木孝昭・岩石真嗣（２０１５）異なる培養期間の稲わら・土壌抽出液におけるイネ苗発根およびコナギの発芽・発根の反応　日本雑草学会第54回大会講演要旨集　１０５

石嶋潤一・齋藤瑛子・飯野文子・楠本大・横田孝雄・米山弘一・竹内安智（２００５）コナギ種子の発芽と出芽に対するコメぬか、イネわら及びイネもみがらの影響　雑草研究　50（別）：１５０－１５１

岩石真嗣・原川達雄（２０００）自然農法水稲作における雑草制御機構の研究（第1報）土壌肥沃度診断と雑草制御の関係　㈶自然農法国際研究開発センター　農業試験場10周年のあゆみ：1－13

岩石真嗣・三木孝昭・加藤茂・王彦栄（２０１０）有機栽培水田の耕耘方法が水稲・雑草の根系と塊茎形成に与える影響　雑草研究　55（3）：１４９－１５７

岩石真嗣（２０１５）「雑草が生えない田んぼ」のための診断キット　現代農業10月号：２８６－２９０

岩手県　農林水産部農業技術普及課（２０２２）農作物技術情報　第2号　水稲（令和4年4月21日発行）［W］

岩手県　農林水産部農業技術普及課（２０２３）農作物技術情報　第1号　水稲（令和5年3月23日発行）［W］

岩手県農業研究センター（２０１２）水稲有機栽培における機械除草を中心とした除草体系　平成24年度岩手県　農業研究センター試験研究成果書：普－02－1［W］

岡山県　環境研究室（２０２１）稲と麦の二毛作では稲わらと麦わらをすき込むと、地力が向上し、コメの収穫量が増えます　農業研究所で開発した新技術２０２１［W］

加西農業改良普及センター・ＪＡみのり東条営農経済センター（２０１４）山田錦情報　（平成26年度　第3号）

加藤茂・南鐘浩・岩石真嗣・原川達雄（２００２）適正な耕起方法の検討　平成14年度試験成績書　㈶自然農法国際研究開発センター　25－29

加藤茂・降幡郁子（２００８）ボカシの田面施用がコナギの生育を抑制する　自然農法　61：25－28

（公財）自然農法国際研究開発センター（２０１５）成果情報8［W］

小山雄生（１９７５）15N 利用による水田土壌窒素肥沃度測定の実際と生産力（水田の窒素をめぐる諸問題） 日本土壌肥料学雑誌 46（7）：２６０－２６９

ＪＡ北ひびき・ＪＡ北ひびき稲作振興協議会・上川農業改良普及センター士別支所（２０１３）水稲温湯消毒種子取り扱いマニュアル［W］

塩野宏之・齋藤寛・今野陽一・熊谷勝巳・永田修（２０１６）積雪寒冷地低地土稲わらすき込み水田における耕起法の違いが翌年のメタン、一酸化二窒素発生量に及ぼす影響 日本土壌肥料学雑誌 87（2）：１０１－１０９

島宗知行・鈴木幸雄（２０１５）水稲の有機栽培において栽植密度がコナギの生育に及ぼす影響 雑草研究 60（4）：１４４－１５０

高取寛・今田孝弘・大渕光一・菅原道夫・渡部幸一郎（１９８９）玄米形質に及ぼす栽培環境技術の影響解明 第２報 品質と食味 東北農業研究 42、47－48

寺田優（１９９３）北陸地域における水稲の生育診断・予測技術の開発研究の現状 日作紀 62（4）：６４１－６４６

鳥取県農業試験場（２０１４）簡易な田面の傾斜均平作業法―さらに簡易に精度良く― 成果情報［W］

中井譲・鳥塚智（２００９）米ぬか土壌表面処理による水田雑草の抑草効果 雑草研究 54（4）：２３３―２３８

新潟県農業総合研究所基盤研究部（２０２１）簡易マニュアル 銀めっき板を用いた水田土壌の硫化水素発生量の簡易評価［W］

西尾道徳（１９９７）有機栽培の基礎知識 農文協

西田瑞彦（２０１０）田畑輪換のなかで地力低下を防ぐ方法 東北農業研究センターたより 32

農研機構生物系特定産業技術研究支援センター・宮城県古川農業試験場・新潟県農業総合研究所 作物研究センター・兵庫県立農林水産技術総合センター 農業技術センター（２０１１）作物生育情報測定装置による水稲生育診断のための利用マニュアル 54［W］

農研機構中央農業総合研究センター（２０１６）水田土壌可給態窒素の簡易・迅速評価マニュアル［W］

農文協編（１９９２）おいしいコメはどこがちがうか 農文協

農林水産技術会議事務局（２０１４）気候変動に対応した循環型食料生産等の確立のための技術開発―有機農業の生産技術体系の確立― 有機物を活用した耕起・代掻き・作型技術体系の開発 （自然農法センター）研究成果 ５２６：１１８－１２２

農林水産省（２００７）平成19年度 農林水産情報交流ネットワーク事業 全国アンケート調査 有機農業をはじめとする環境保全型農業に関する意識・意向調査結果［W］

林広計・三角泰生・戸田英幸（２００４）代かき方法の違いによる雑草発生状況比較 平成16年度 試験成績書 ㈶自然農法国際研究開発センター ２０６－２０７

原田健一・岩石真嗣・全成哲・梅村弘（２００１）耕種的雑草抑止水田の特性とその応用（6）エラミミズの雑草抑制効果と有機物・微生物質材の影響 雑草研究 別46：90－91

福井県 水田農業レベルアップ委員会技術普及部会（2020）稲作情報 22〔大麦播種〕［W］
藤原俊六郎・安西徹郎・小川吉雄・加藤哲郎編（2010）新版 土壌肥料用語辞典 第2版 農文協
古川勇一郎・白鳥豊（2016）有機水稲栽培における栽植密度が雑草抑制に及ぼす影響 第17回日本有機農業学会大会資料集 104－105
三木孝昭・岩石真嗣（2008）自然農法栽培の特徴 自然農法技術交流会資料集
三木孝昭・岩石真嗣・阿部大介・加藤茂（2009）有機水田における移植期土壌中の残存有機物量が水稲および雑草に与える影響 第227回 日本作物学会大会資料集 112
三木孝昭・阿部大介・原川達雄（2011）自然農法水稲栽培の移植時期 ―寒冷地水田でボカシの除草効果を決定する― ㈶自然農法国際研究開発センター農業試験場開設20周年記念誌 175－178
三木孝昭・岩石真嗣・阿部大介・原川達雄（2012）株間除草に効果的な水田用除草機の開発と寒冷地有機水田における実用性の検証 有機農業研究 4（1・2）：79－88
三木孝昭・阿部大介・加藤茂・岩石真嗣（2015）移植後田面に施用した有機物の雑草害軽減効果は非作付け期間の土壌管理法が影響する 日本雑草学会第54回大会講演要旨集 87
三木孝昭・阿部大介・岩石真嗣（2017）甲信越地域における水稲の有機栽培の実態と生産性向上に必要な技術提案 有機農業研究 9（1）：35－45
山岸淳（1980）作期を異にした場合の水田雑草の発生消長と葉数の推移について 日本作物学会四国支部紀事 16：63－68
Yokota, T., Handa, H., Yamada, Y., Yoneyama, K. and Takeuchi, Y. (2014) Mechanism of the rice hull-induced germination of Monochoria vaginalis seeds in darkness, *Weed Biology and Management* 14, 138 -144.
吉田昌一・村山登（1986）稲作科学の基礎 博友社
吉野喬・出井嘉光（1977）土壌窒素供給力の有効積算温度による推定法について 農事試験場報告 25：1－62

◆付録　ことば解説　（五十音順）

異常還元*
（いじょうかんげん）

水田に未熟な有機物が多量に施用されると、湛水後土壌微生物が急速に有機物を分解するために酸素を使うので、Ehが急激に低下し、土壌は短期間に強還元状態になる。この現象は排水不良田ほど顕著で、異常還元という。異常還元になると、有機酸の蓄積、硫化水素の発生、可溶性の鉄やマンガン含量の増加などが起こり、イネの生育が阻害される。

Eh*

土壌の酸化還元の強さを表す単位で、酸化還元電位ともよばれている。土壌は、Ehの値が大きいほど酸化状態、小さいほど還元状態にある。通常、畑地のEhはプラス0・6～0・7Vであるが、湛水下の水田土壌では有機物の分解により酸素が消費されるため還元が進み、マイナス0・2～0・3Vくらいまで低下する。

最大容水量*
（さいだいようすいりょう）

土壌が保持できる水分の最大量で、ほぼ全孔隙量に相当する。飽和容水量ともいう。土壌から水を取り去る力がまったく働いていない状態の水分量である。pFはほぼ0で、湛水された水田作土はこの状態にある。

C／N*

全炭素と全チッソとの比率であり、炭素率ともいう。全国の水田土壌や畑土壌の表土の平均値は10程度である。農耕地土壌に施用される有機物のC／Nは有機物の種類により大きく異なり、例えば家畜糞堆肥では20程度、青刈りライ麦では40程度、イナワラは60～80である。C／Nによって土壌中での分解は異なる。

積算温度
（せきさんおんど）

気温、地温、水温などの毎日の温度を一定の期間について合計した値をいう。作物では、例えば播種から開花期まで、あるいは開花期から収穫期までの期間に要する積算温度が求められ、生育の予測や収穫適期の判定等に広く用いられている。

脱窒*
（だっちつ）

土壌中の硝酸態チッソが、脱窒菌の働きにより嫌気的条件下で亜酸化チッソを経てチッソガスに変化する反応をいう。一般に、有機物量が多いほど脱窒は進む。

地耐力
（ちたいりょく）
地盤の耐力を意味する。地耐力が大きいほど、重いものを支えることができる。逆に地耐力が小さいほど地盤は柔らかい。

緻密度*
（ちみつど）
一般的に硬度計による測定で得られた値をいう。土層における土粒子の詰まり方、すなわち粗密の程度を表す。

日減水深
（にちげんすいしん）
透水性の良否を表すもので、灌漑期間において水田に流入した水が地面に浸透したり、蒸発、蒸散したりして、1日にどれだけの水量が減少するのかを表したものをいう。

有機質肥料*
（ゆうきしつひりょう）
動物質肥料（魚かす、骨粉など）、植物質肥料（ナタネ、ダイズ、綿実などから搾油したかす、食品、醸造かすなど）、自給有機質肥料（堆肥、緑肥、家畜糞類、草木灰など）、有機性廃棄物肥料（乾燥菌体肥料、し尿処理汚泥、下水処理汚泥、下水汚泥、鶏糞などを乾燥加工したものなど）に由来する肥料を総称して有機質肥料という。

有効積算温度
（ゆうこうせきさんおんど）
日平均温度から基準温度を差し引いた値の積算値のことである。この場合の基準温度は、動植物の種類や発育の段階により異なる。作物の場合、大まかな基準温度は夏作物では10℃、冬作物では5℃とされることが多い。

溶脱*
（ようだつ）
土壌中の浸透水に溶解した可溶性成分が、土層内を表層から下層へ移動したり、あるいは土層系外へ除去される過程をいう。

葉面積指数
（ようめんせきしすう）
植生群落の単位地表面積（例えば1㎡）当たりの葉の投影面積の総和として定義される。植生の放射吸収、光合成・蒸散量、炭素吸収能力などを示す重要な指標として広く利用されている。

よけ掘り
（よけぼり）
田んぼの隅やあぜぎわを掘り田んぼ内の水をその溝でうけて排水するためのもの。

＊は『土壌肥料用語辞典』（農文協）による。

監修者・著者略歴

〈監修者〉

(公財)自然農法国際研究開発センター

1985年財団法人として設立。自然農法の研究開発と普及に関する事業、有機農業分野における認証制度の運営及び交流、支援に関する事業を行なっている。
https://www.infrc.or.jp/

〈著者〉

三木孝昭

1975年千葉県生まれ。千葉県農業大学校研究科卒(土壌肥料専攻)。1999年自然農法国際研究開発センター入職後、自然農法や有機農業による水稲栽培技術の研究・開発に20年以上従事。2003年水稲担当となり、現在は同センター専門技術員。日本有機農業学会理事。

だれでもできる　有機のイネつくり
秋処理・育苗・栽植密度で"雑草の生えない田んぼ"

2024年 3月 5日　第1刷発行
2024年 7月15日　第2刷発行

監修者　(公財)自然農法国際研究開発センター
著　者　三木　孝昭

発行所　一般社団法人　農山漁村文化協会
〒335-0022 埼玉県戸田市上戸田2丁目2-2
電話　048(233)9351(営業)　048(233)9355(編集)
FAX　048(299)2812　振替　00120-3-144478
URL　https://www.ruralnet.or.jp/

ISBN978-4-540-23147-6　DTP製作／㈱農文協プロダクション
〈検印廃止〉

Printed in Japan　製本／根本製本㈱
印刷／㈱新協　定価はカバーに表示